普通高等教育信息技术类系列教材

人工智能实验

（通识课版）

郭 丹 杨 俊 吕鸿略 主编

科 学 出 版 社

北 京

内 容 简 介

本书是《人工智能（通识课版）》（杨俊等主编，科学出版社出版）的配套教材，主要内容包括10个实验，每个实验设有实验目的和详尽的实验内容。学生不仅能够明确上机实验任务，还能够拓展思维，提升综合素质和人工智能素养。本书的编写目的是帮助学生理解人工智能的基础理论框架，通过丰富的实践操作，引导学生学会高效地将理论知识转化为解决实际问题的能力。

通过对本书的学习和实践，为提升大学生的人工智能素养和计算素养，赋能数字化复合型人才培养提供基础性支撑。本书在编写内容上，注重热点内容更新，实用性强；在编写形式上，力求阐述透彻，深入浅出，通俗易懂。

本书适合作为高等学校人工智能通识课程的实验教材及人工智能基础知识培训教材，也可作为人工智能初学者、工程技术人员和管理人员的参考书。

图书在版编目（CIP）数据

人工智能实验 : 通识课版 / 郭丹, 杨俊, 吕鸿略主编. -- 北京 : 科学出版社, 2025. 8. -- (普通高等教育信息技术类系列教材). -- ISBN 978-7-03-082789-0

Ⅰ. TP18-33

中国国家版本馆 CIP 数据核字第 2025QC2084 号

责任编辑：杨 昕 宋 丽 / 责任校对：王万红

责任印制：吕春珉 / 封面设计：东方人华平面设计部

科学出版社 出版

北京东黄城根北街 16 号

邮政编码：100717

http://www.sciencep.com

北京鑫丰华彩印有限公司印刷

科学出版社发行 各地新华书店经销

*

2025 年 8 月第 一 版 开本：787×1092 1/16

2025 年 8 月第一次印刷 印张：11 1/4

字数：262 000

定价：45.00 元

（如有印装质量问题，我社负责调换）

销售部电话 010-62136230 编辑部电话 010-62315397-2032

前　言

在当今这个日新月异的数字化时代，人工智能（artificial intelligence，AI）正以前所未有的速度引领并重塑经济社会生活的各个方面，从智能家居的温馨便捷到智能工业的精准高效，从智能医疗的深远影响到智能商务的无限可能。在此背景下，拥有运用人工智能解决各领域问题的能力已成为当代大学生不可或缺的核心竞争力。实验作为人工智能通识教育体系中的关键一环，致力于为学生搭建一座通向智能学习殿堂的坚实桥梁。

本书包含 10 个实验，引导学生理解人工智能的基础理论框架，同时希望通过丰富的实践操作，引领学生紧跟 AI 技术的发展前沿，学会如何高效地将理论知识转化为解决实际问题的能力。本书编写严格，遵循由基础至进阶、理论结合实践的循序渐进原则，希望学生能在稳健的学习路径上逐步掌握人工智能的核心概念与技能。

在内容方面，本书覆盖知识表示、算法设计、知识图谱、数据处理、智能问答、自然语言编程、AI 综合应用、智能体与数字人技术，以及 RPA 机器人流程自动化等多个维度。每个实验模块均详细列出实验目标、具体操作步骤及拓展探索要求，旨在为学生提供清晰明确的操作指引，同时激发他们的自主探索精神，提升创新实践能力。

通过本书的学习，学生将能够利用 MindMaster 工具精通图形化知识表示技巧；掌握 Raptor 流程图软件的使用方法，实现可视化算法设计；熟练运用 NRD Studio 构建并深入分析知识图谱；灵活应用传统 Excel 及 ChatExcel AI 进行高效数据处理；深度了解 AI 大模型，实现智能问答与学术资源的深度搜索；探索 AI 在辅助编程中的创新应用。

此外，本书结合 DeepSeek、通义千问、Kimi、智谱清言、研学智得 AI、文心一言、天工 AI、海螺 AI、即梦 AI 等当前主流的 AI 工具和平台，让学生在实战中熟悉并掌握这些实用工具的精髓。这将使他们在面对复杂多变的实际问题时，能够选择并组合最适合的 AI 技术和方法，从而在数字化时代的浪潮中展现出更强的竞争力和卓越的创新力。

本书由郑德权组织实施，郭丹、杨俊、吕鸿略任主编。具体编写分工如下：实验 1～3 由杨俊编写、实验 4～9 由郭丹编写、实验 10 由吕鸿略编写，习题由杨俊、郭丹、韩雪娜、金一宁、张启涛、吕鸿略编写。本书配有《人工智能（通识课版）》（杨俊等主编，科学出版社出版）可供理论教学使用。

本书在编写过程中，得到了哈尔滨商业大学各级领导和计算机学院教师的帮助，在此表示衷心感谢。感谢哈尔滨商业大学教务处和计算机学院的支持。

书中难免有不足之处，衷心希望读者批评指正。

目　　录

实验1
知识表示与组织实验——AI思维导图

实验目的

1）通过构建思维导图，理解图形化知识表示方法及其应用场景。

2）提高发现问题、找到问题症结、分析问题、解决问题的能力。

3）熟悉人工智能（artificial intelligence，AI）思维导图的基础用法。

实验内容

1. 思维导图简介

思维导图是问题分解的一种方法，是表达发散性思维的有效图形思维工具，运用图文并茂的技巧，把各级主题的关系用相互隶属与相关的层级图表现出来。思维导图是一种将思维形象化的方法，放射性思考是人类大脑的自然思考方式，每种进入大脑的资料，不论是感觉、记忆还是想法，都可以成为一个思考中心，并由此中心向外发散出成千上万的关节点，每个关节点代表与中心主题的一个联结，每个联结以此类推再向外发散，呈现放射性立体结构，而这些关节点的联结可以视为记忆，也可以看作个人数据库。

2. 思维导图在问题分析和解决中的作用

思维导图的作用是帮助人们更清晰、更系统地思考、分析和解决问题。

1）可视化思维：通过图形的方式呈现信息，使得复杂的思维过程和关系清晰可见。

2）梳理思路：通过构建层次结构，将复杂的问题分解为更小、更易处理的问题。

3）促进创新：思维导图的非线性结构有助于激发创新思维，鼓励关联性和跳跃性的思考，从而找到新的解决方案。

4）团队协作：在团队中使用思维导图，促进共享和理解，有助于协同解决问题。

5）提高记忆力：思维导图以图形和关键词的形式呈现信息，有助于加深对信息的记忆和理解。

3. 常用的思维导图工具

（1）国外开发的思维导图工具

1）MindMeister：在线思维导图工具，支持团队协作。

2）XMind：功能强大，支持各种思维导图类型。

3）Miro：不仅支持思维导图，还支持团队协作和白板功能。

（2）国内开发的思维导图工具

1）百度脑图：在线思维导图编辑器，在浏览器中使用，具备分享功能。

2）幕布：一款结合了大纲、笔记和思维导图的头脑管理工具。

3）MindMaster：一款国产跨平台思维导图软件，可以在手机端和计算机端编辑。新版增加了AI一键生成、智能注释和文案润色功能，支持连续对话、文生图、图生图等预设场景，可以轻松生成文章、周报、SWOT分析等。

本实验使用MindMaster软件的基础功能。

4. 利用思维导图分析问题的步骤

（1）使用思维导图进行问题分析的主要步骤

步骤1：找出问题（确认中心点）。

步骤2：拆解问题（分解问题为二级分支）。

步骤3：试着回答被拆解的问题（扩展分支）。

在反复循环过程中，不断进行发散思考，直到找到解决问题的思路和方法。

（2）使用AI一键生成功能自动生成思维导图

MindMaster思维导图增加了AI一键生成功能。使用该功能生成思维导图通常有两种方式：一种方式是按照用户给出的关键词来生成思维导图的初稿，在此基础上再进行修改，最后形成用户需要的思维导图；另一种方式是上传文件，根据文件内容生成思维导图。

5. 案例

【例】 上网搜索某创业项目计划书样本，参考其内容，利用AI一键生成功能，生成思维导图。提示，可以是其他带AI功能的MindMaster版本。

【操作步骤】

步骤1：单击桌面上的“开始”按钮，在打开窗口中的“所有程序”列表中选择“MindMaster 10.9.2”软件，启动软件，如图1-1所示。

步骤2：在“AI一键生成思维导图”功能区“文件智能解析”文本框中输入文字“项目计划”，单击“立即生成”按钮，AI智能生成图1-2所示的思维导图。

步骤3：上网搜索某创业项目计划书样本，参考其内容，修改思维导图的结构。

以修改中心主题文本、增加或删除主题为例，具体操作步骤如下。

① 修改中心主题文本：双击“项目计划”图标，删除“项目计划”文本，在光标处输入文字“创业项目计划”。

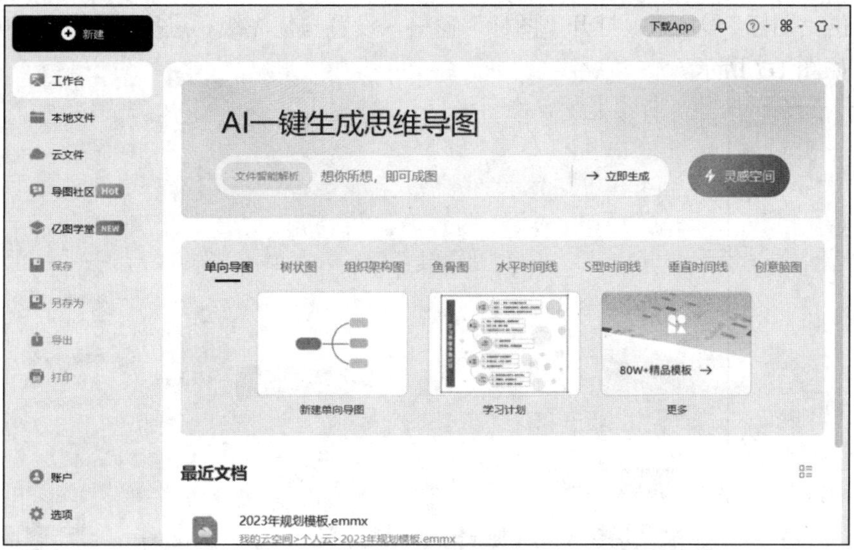

图 1-1 MindMaster 软件界面

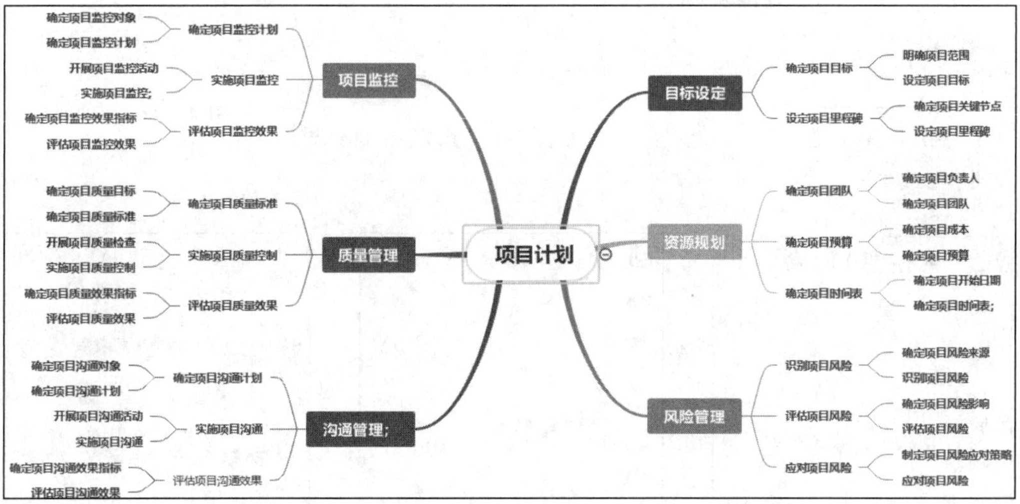

图 1-2 AI 一键生成的“项目计划”思维导图

② 增加或删除主题：右击需要修改的主题，在弹出的快捷菜单中选择“删除”或“插入”命令，如图 1-3 所示。增加“一、项目概述”主题，并将“目标设定”设置为子主题，同时增加“项目背景”子主题和“项目范围”子主题，如图 1-4 所示。

注 意

选择主题后，按 Enter 键，可以增加同级主题；右击，在弹出的快捷菜单中选择“删除”命令，可以删除主题及其整个分支；单击主题侧面的⊖图标，可以折叠整个下级主题。

步骤 4：修改主题格式，美化思维导图。在窗口右侧面板中，单击“思维导图”按钮，打开“思维导图”窗格，设置与布局、主题风格相关的参数，如图 1-5 所示。单击“样式”按钮，打开“样式”窗格，设置与字体、主题、边框和分支相关的参数，如图 1-6

所示。单击“图标”☺按钮，打开“图标”窗格，设置与优先级、进度、表情、旗帜等相关的参数，如图 1-7 所示。

图 1-3　利用右键快捷菜单修改主题

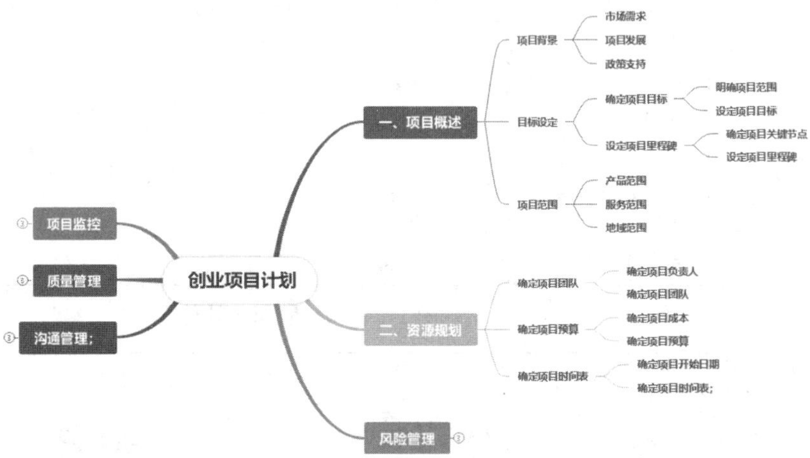

图 1-4　修改后的部分思维导图

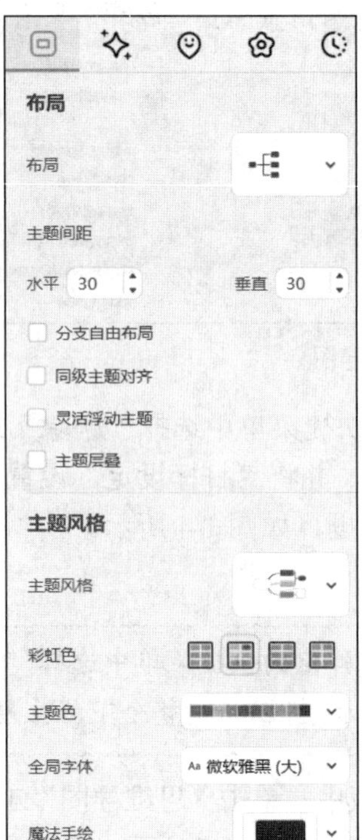

图 1-5　“思维导图”窗格

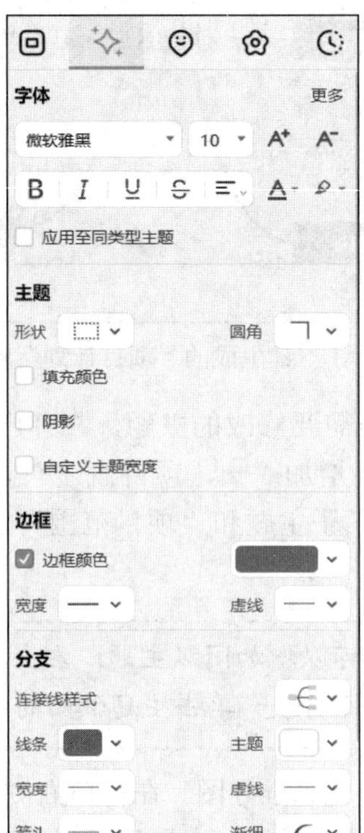

图 1-6　“样式”窗格

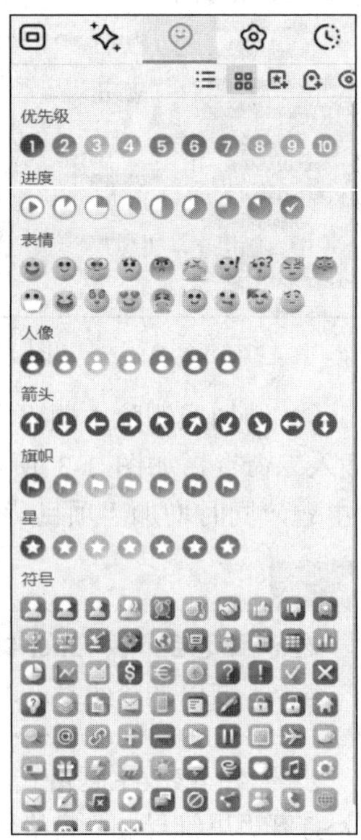

图 1-7　“图标”窗格

步骤 5：保存文件。选择“工作台”｜“保存”｜“浏览”命令，打开“另存为”对话框，选择文件保存的路径后，输入文件名，单击“保存”按钮，即生成扩展名为.emmx 的思维导图文件。

注　意

在“另存为”对话框的“保存类型”下拉列表中，也可以按照用户要求，生成 PDF、PNG、JPG 等格式的文件。

拓展实验

1. 通过知网搜索一篇与你所属学科相关的专业期刊论文，构建思维导图，以抽取该论文的关键信息。

具体步骤与实验要求如下。

（1）抽取关键信息内容

- 标题：论文的标题。
- 作者：论文的作者姓名。
- 发表时间：论文的发表日期。
- 作者单位：作者的所属单位或机构。
- 文章结构：论文的摘要、主要章节、参考文献等结构化标题。
- 研究背景和意义：论文的研究背景、现状以及研究的重要意义。
- 研究目的与假设：论文的研究目标以及（如适用）研究假设。
- 方法与数据获取：论文采用的研究方法以及数据的获取途径。
- 结果和建议：论文的主要研究结果以及提出的建议或结论。
- 应用领域：论文研究成果的可能应用领域或实际应用前景。

（2）抽取过程

可以采用 AI 大模型辅助分析论文内容，提取关键信息。也可以采用人工阅读和总结的方式，摘录论文中的关键信息。

（3）构建思维导图

构建要求：一是恰当美化思维导图，使其结构清晰、易于理解；二是文字表述言简意赅，准确传达论文的关键信息。

（4）文件导出格式

将构建好的思维导图导出为图像格式（.jpeg）。

2. 通过浏览器搜索你所学专业的大学课程目录，构建思维导图，以清晰表达该专业课程体系中的内在知识结构。

具体步骤与实验要求如下。

（1）搜索课程目录

使用浏览器查找你所学专业的大学课程目录。

（2）构建思维导图

在思维导图中，列出该专业的所有主要课程；分析并标注课程体系中的课程关系，即哪些课程是其他课程的前序课程（先决条件），哪些课程是后续课程的基础课程（重要支撑）。

（3）文件导出格式

将构建好的思维导图导出为图像格式（.jpeg）。

实验 2
算法设计——基于 Raptor 流程图可视化程序设计环境

实验目的

1）掌握 Raptor 流程图可视化程序设计环境的简单使用方法。

2）使用 Raptor 软件设计问题求解的流程。

实验内容

1. 常量和变量操作

程序设计时，使用常量和变量来存储和表示数据，变量在程序执行过程中可变。

【例 2-1】 将 7 赋值给 x，输出 x+5 的结果。

【操作步骤】

步骤 1：单击桌面上的“开始”按钮，在打开窗口中的“所有程序”列表中选择“Raptor 汉化版”命令，启动 Raptor 汉化版程序。

步骤 2：单击“符号”|“赋值”符号，在 main 窗格“Start”符号下单击，将“赋值”符号添加到流程图中。然后双击“赋值”符号，打开任务帮助窗口，如图 2-1 所示，在“Set”文本框中输入变量“x”，在“to”文本框中输入“7”，单击“完成”按钮。

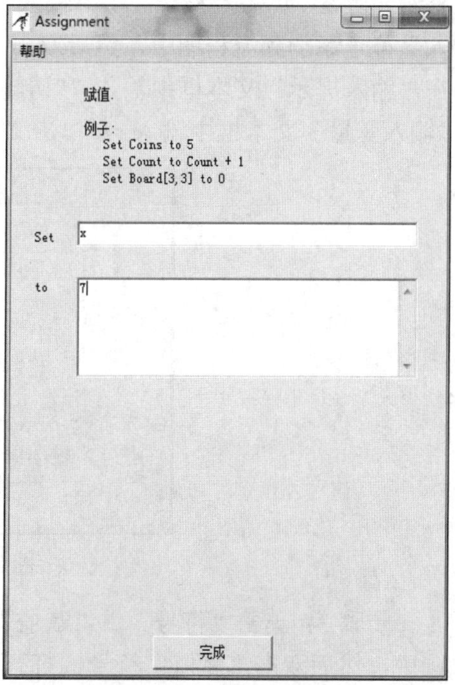

图 2-1　任务帮助窗口

步骤 3：参考步骤 2，再次将 x+5 赋给 x。

步骤 4：单击“符号”|“输出”符号，将其添加到 main 窗格的流程图中。双击“输出”符号，打开“输出”窗口，在输出文本框中输入“x+5”，单击“完成”按钮。

步骤 5：单击“运行”|“运行”按钮，运行程序如图 2-2 所示。程序运行结果显示在主

控台中，如图 2-3 所示。

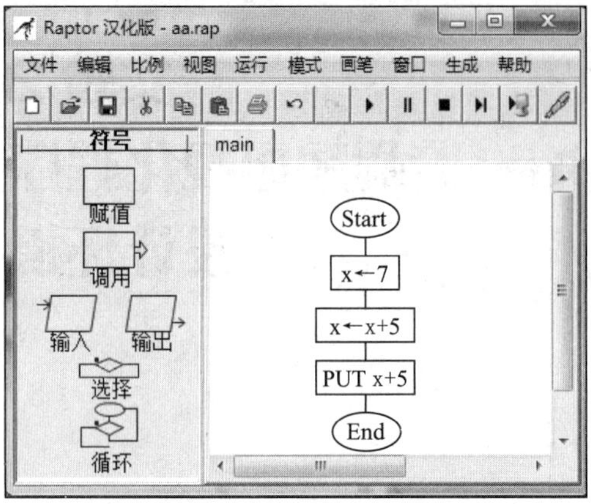

图 2-2 程序运行

图 2-3 主控台中显示的程序运行结果

2. 顺序结构的操作

【例 2-2】 编程求圆的面积。

分析： 随机输入一个半径 r，用输入框实现。圆面积的计算公式 s=3.14*r**2，用赋值框实现。输出面积 s，用输出框实现。

【操作步骤】

步骤 1：单击“开始”按钮，在打开窗口中的“所有程序”列表中选择“Raptor 汉化版”命令，启动 Raptor 汉化版程序。

步骤 2：单击“符号”｜“输入”符号，在 main 窗格“Start”符号下单击，将“输入”符号添加到流程图中，然后双击“输入”符号，打开“输入”窗口，如图 2-4 所示，在“输入提示”文本框中输入“"请输入圆的半径:"”(注意，提示信息需要加引号)，在“输入变量”文本框中输入 r，单击“完成”按钮。

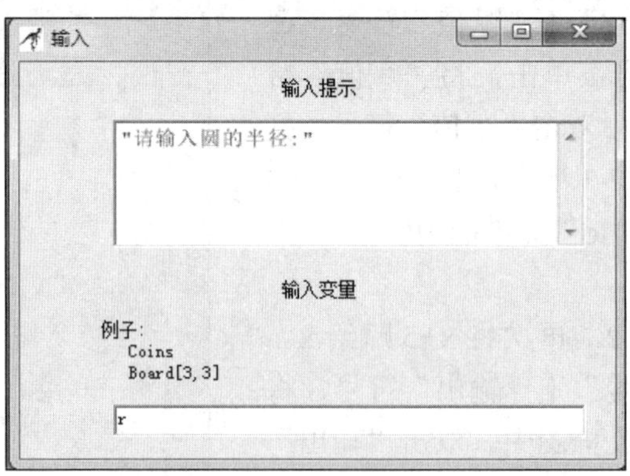

图 2-4 “输入”窗口

步骤 3：单击“符号”｜“赋值”符号，在 main 窗格中将“赋值”符号添加到流程图中，然后双击“赋值”符号，打开任务帮助窗口，在“Set”文本框中输入变量“s”，在“to”文本框中输入“3.14*r**2”，单击“完成”按钮。

步骤 4：单击“符号”｜“输出”符号，将其添加到 main 窗格中的流程图中。双击“输出”符号，打开“输出”窗口，在输出文本框中输入“"圆的面积为:"+s”，单击“完成”按钮，如图 2-5 所示。

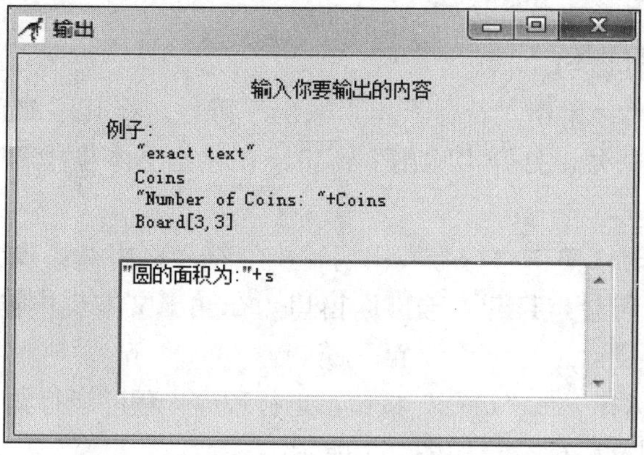

图 2-5　“输出”窗口

步骤 5：单击“运行”｜“运行”按钮，运行程序，程序运行结果会显示在主控台中。本例程序流程图及运行结果如图 2-6 所示。

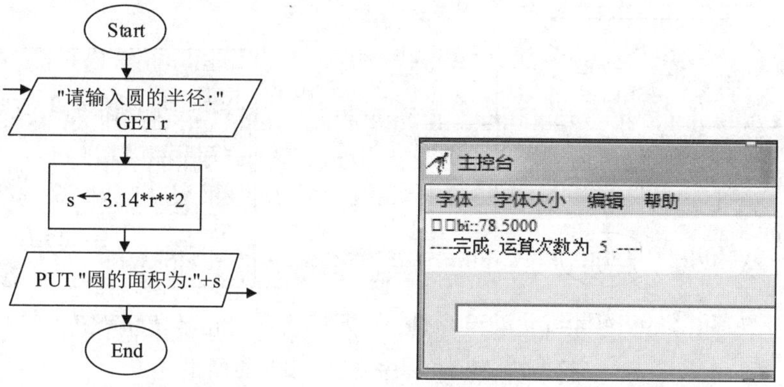

（a）流程图　　（b）运行结果

图 2-6　例 2-2 程序流程图及运行结果

3. 选择结构的操作

【例 2-3】 任意输入一个正数，判断其为偶数还是奇数。

分析：输入一个任意正数 X，用输入框实现。用 X%2=0 来判断是偶数还是奇数，用选择框实现。若为偶数，则在 Yes 分支中加入一个输出框，内容为“X　is　even”。若为奇数，则在 No 分支中加入一个输出框，内容为“X　is　odd”。

【操作步骤】

步骤 1：采用同样的方法，启动 Raptor 汉化版程序。

步骤 2：单击“符号”｜“输入”符号，在 main 窗格“Start”符号下单击，将“输入”符号添加到流程图中，然后双击“输入”符号，打开“输入”窗口，在“输入提示”

文本框中输入提示信息，在“输入变量”文本框中输入“X”，单击“完成”按钮。

步骤 3：单击“符号”｜“选择”符号，在 main 窗格中将“选择”符号添加到流程图中。然后双击“选择”符号，打开“选择”窗口，在“输入选择条件”文本框中输入条件“X%2=0”，单击“完成”按钮。

步骤 4：输入执行语句。

① 当 X 为偶数时：单击“符号”｜“输出”符号，将其添加到流程图的“Yes”分支中。双击“输出”符号，打开“输出”窗口，在输出文本框中输入“"X is even"”，单击“完成”按钮。

② 当 X 为奇数时：单击“符号”｜“输出”符号，将其添加到流程图的“No”分支中。双击“输出”符号，打开“输出”窗口，在输出文本框中输入“"X is odd"”，单击“完成”按钮。

步骤 5：单击“运行”｜“运行”按钮，运行程序，程序运行结果会显示在主控台中。

本例程序流程图及运行结果如图 2-7 所示。

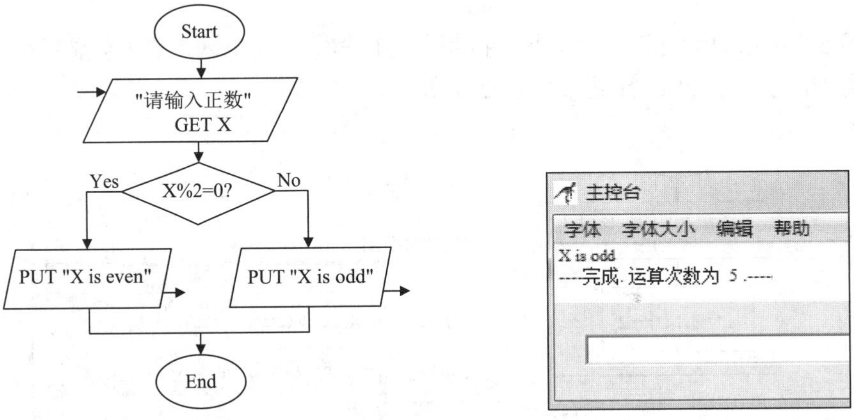

（a）流程图　　（b）运行结果

图 2-7　例 2-3 程序流程图及运行结果

4. 循环结构的操作

【例 2-4】 斐波那契序列（Fibonacci sequence），又称黄金分割数列，是指这样一个数列：1，1，2，3，5，8，13，21，…随着数列项数的增加，前一项与后一项之比越来越逼近黄金分割的数值 0.618 003 988…请实现斐波那契序列的求解。

分析：根据题意，得到下列公式：

$$\begin{cases} F_1 = 1 \\ F_2 = 1 \\ F_n = F_{n-1} + F_{n-2} (n \geqslant 3) \end{cases}$$

【操作步骤】

步骤 1：采用同样的方法，启动 Raptor 汉化版程序。

步骤 2：单击“符号”｜“赋值”符号，在 main 窗格“Start”符号下单击，将

“赋值”符号添加到流程图中，依次添加 3 个符号，然后分别双击“赋值”符号，依次设置“F[1]←1”“F[2]←1”“N←3”。

步骤 3：单击“符号”｜“循环”符号，在 main 窗格中，将“循环”符号添加到流程图中，然后双击“循环”符号，打开“循环”窗口，在“输入跳出循环的条件”文本框中输入条件“N>10”，单击“完成”按钮。

步骤 4：单击“符号”｜“赋值”符号，在 main 窗格中的“循环条件”框下单击“No”分支，将“赋值”符号添加到流程图中。双击“赋值”符号，在打开的任务帮助窗口中设置“F[N]←F[N−1]+ F[N−2]”。

步骤 5：单击“符号”｜“输出”符号，在 main 窗格中将其添加到流程图中。双击“输出”符号，打开“输出”窗口，在输出文本框中输入“"F["+N+"]="+F[N]”，单击“完成”按钮。

步骤 6：单击“符号”｜“赋值”符号，在 main 窗格中将其添加到“输出”符号下方，然后双击“赋值”符号，在打开的任务帮助窗口中设置“N←N+1”。

步骤 7：单击“运行”｜“运行”按钮，运行程序，程序运行结果会显示在主控台中。

本例程序流程图及运行结果如图 2-8 所示。

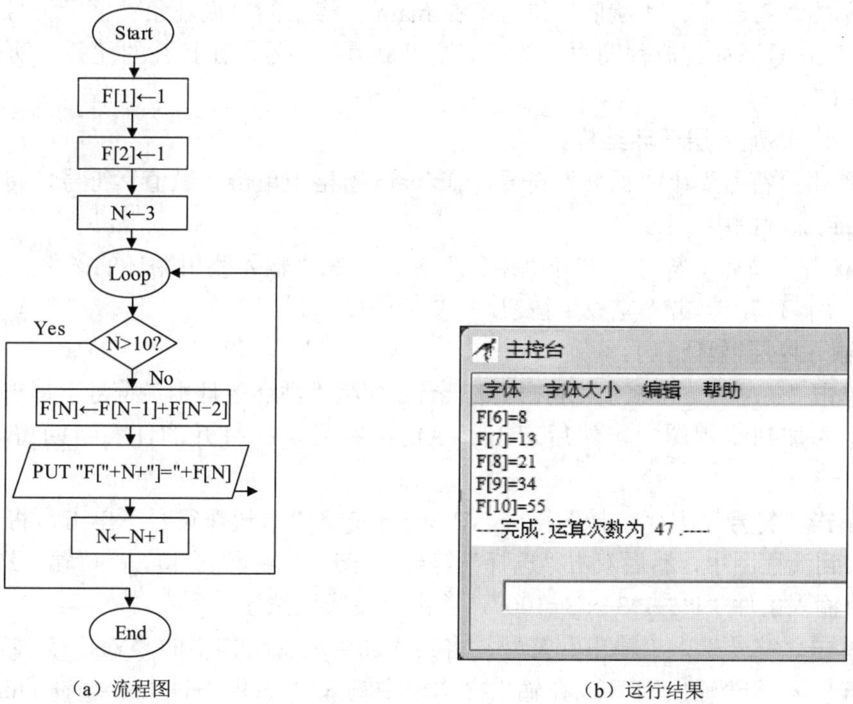

(a) 流程图　　(b) 运行结果

图 2-8　例 2-4 程序流程图及运行结果

5. 百钱买百鸡问题

【例 2-5】 某人有一百块钱，打算买一百只鸡。到市场上一看，公鸡五块钱一只，母鸡三块钱一只，小鸡一块钱三只。请设计一个算法，计算如何能够刚好用一百块钱买一百只鸡。

分析：设公鸡、母鸡、小鸡的个数分别为x、y、z，根据题意可得如下方程组：

$$\begin{cases}5x+3y+z/3=100\\x+y+z=100\\1\leqslant x<20,\ 1\leqslant y<33,\ 3\leqslant z<100,\ z \bmod 3=0\end{cases}$$

【操作步骤】

步骤1：采用同样的方法，启动Raptor汉化版程序。

步骤2：单击“符号”｜“赋值”符号，在main窗格“Start”符号下单击，将“赋值”符号添加到流程图中，依次添加2个符号，然后分别双击“赋值”符号，在打开的任务帮助窗口中依次设置“x←0”“i←1”。

步骤3：添加外层循环结构。

① 单击“符号”｜“循环”符号，在main窗格中，将“循环”符号添加到流程图中。在“Loop”符号下添加一个“赋值”符号，并设置“j←1”。

② 双击“循环”符号，打开“循环”窗口，在“输入跳出循环的条件”文本框中输入条件“i>20”，单击“完成”按钮。

③ 单击“符号”｜“赋值”符号，在main窗格中的“循环条件框”符号下单击，将“赋值”符号添加到流程图中，然后双击“赋值”符号，在打开的任务帮助窗口中设置“i←i+1”。

步骤4：添加内层循环结构。

① 单击“符号”｜“循环”符号，在main窗格中单击“赋值”符号，将“循环”符号添加到流程图中。

② 双击“循环”符号，打开“循环”窗口，在“输入跳出循环的条件”文本框中输入条件“j>33”，单击“完成”按钮。

③ 输入内层循环语句。

a. 单击“符号”｜“赋值”符号，在main窗格“循环条件框”符号下单击，将“赋值”符号添加到流程图中，然后双击“赋值”符号，在打开的任务帮助窗口中输入“x←100−i−j”。

b. 单击“符号”｜“选择”符号，在main窗格“赋值”符号下单击，将“选择”符号添加到流程图中，然后双击“选择”符号，打开“选择”窗口，在“输入选择条件”文本框中输入条件“i*5+j*3+x/3=100”，单击“完成”按钮。

c. 单击“符号”｜“输出”符号，将其添加到分支结构中的“Yes”分支上。双击“输出”符号，打开“输出”窗口，在输出文本框中输入“"cock="+i+"hen="+j+"chick="+x”，单击“完成”按钮。

d. 单击“符号”｜“赋值”符号，在main窗格中的“分支”符号下单击，将“赋值”符号添加到流程图中，然后双击“赋值”符号，在打开的任务帮助窗格中设置“j←j+1”。

步骤5：单击“运行”｜“运行”按钮，运行程序，程序运行结果会显示在主控台中。

本例程序流程图及运行结果如图2-9所示。

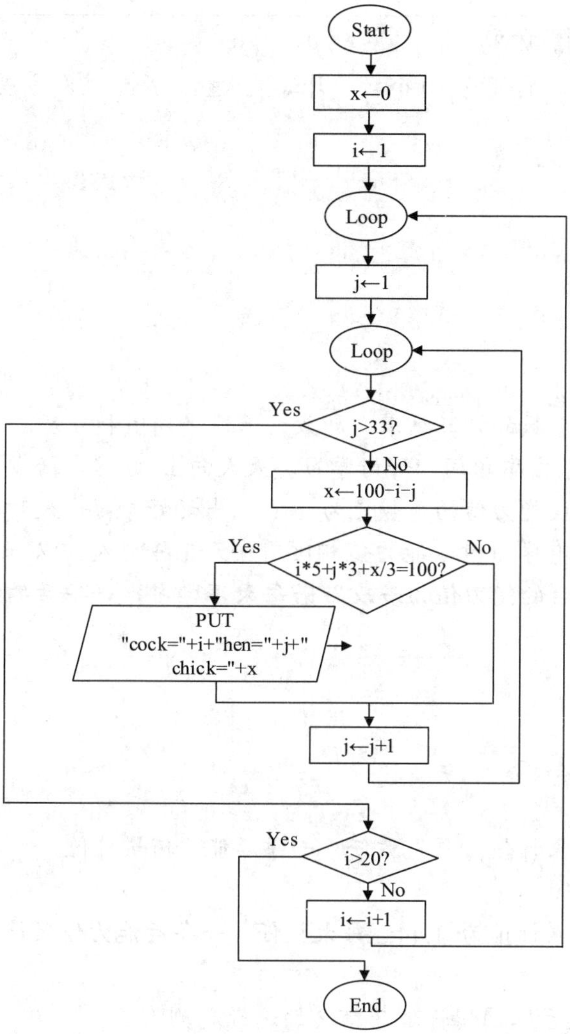

（a）流程图

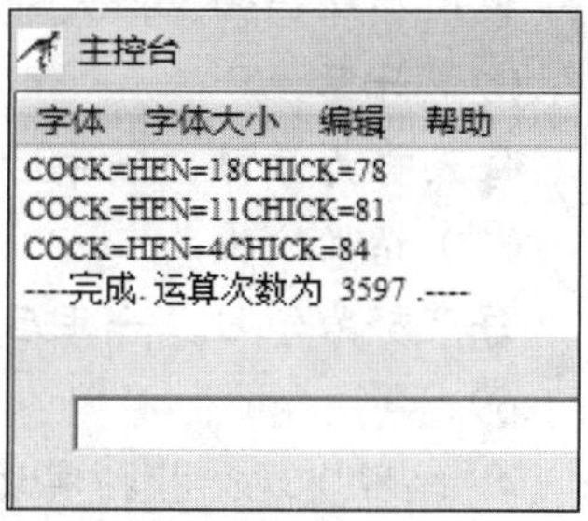

（b）运行结果

图 2-9　例 2-5 程序流程图及运行结果

拓展实验

1. 编程实现：一个简单的世界国家信息查询系统。

具体步骤与实验要求如下。

（1）查找数据

通过网络搜索 20 条相关信息，包括国家、首都、人口总数等。可采用搜索引擎、AI 大模型问答、电子图书检索等多种方式获取数据。

（2）程序（编程采用 IPO 模式，即数据输入-数据处理-数据输出）

程序提供一个国家名称的输入框，用户输入国家名称后，程序会显示该国家的基本信息，如首都、人口总数等（这些信息预先定义在程序中）。如果输入的国家不在程序中，则显示“未找到该国家信息!”。

2. 编程实现：程序接收用户输入的任意 10 个数，计算最大值、平均值和方差，并输出结果。

具体步骤与实验要求如下。

（1）数据输入

采用循环结构，输入 10 个数。

（2）计算

计算最大值、平均值和方差。

（3）结果输出

输出 10 个输入的数以及对 10 个数的计算结果，即最大值、平均值和方差。

3. 编程实现：1951 年，毛泽东主席题词“好好学习，天天向上”，这句话成为激励人们奋发图强的经典语录。假设能力值的基数记为 1 点，当好好学习一天时，能力值相比前一天提高 1‰；当没有学习时，能力值相比前一天下降 1‰。以一年 365 天计，若每天努力学习，一年后的能力值为多少？若每天不学习，一年后的能力值为多少？编程完成计算和输出。

具体步骤与实验要求如下。

（1）数据输入

采用循环结构，输入能力值的基数。

（2）计算

每天努力学习，一年后能力值累计值；每天放任，一年后能力值累计值。

（3）结果输出

每天努力学习，一年后能力值累计值为 1.44；每天放任，一年后能力值累计值为 0.69。

4. 编程实现：模拟实现一个关于家国情怀理想信念的选择题测验。

具体步骤与实验要求如下。

（1）数据准备

程序包含 5 个问题，每个问题都有 4 个选项，其中只有一个是正确答案。问题、选项和答案可以通过 AI 大模型（如“文心一言”“DeepSeek”“通义千问”等）获得。

（2）程序（编程采用 IPO 模式，即数据输入-数据处理-数据输出）

用户输入答案后，程序会立即告诉用户答案是否正确，并在最后输出用户的总分（答对一题得 1 分）以及相应的鼓励话语，如“继续坚持你的理想信念!”。

实验 3
知识图谱实验——AI 知识图谱应用及构建

实验目的

1）理解从非结构化数据中提取信息，组织可查询知识网络的知识构建过程。

2）掌握知识图谱的构建方法。

3）探索 AI 知识图谱的应用场景。

实验内容

1. 知识图谱的构建过程

知识图谱是知识工程与人工智能领域的关键工具。

知识图谱的构建过程是一个从数据收集开始，经过预处理、实体识别与关系抽取，再到知识表示与存储，最后通过知识融合与推理，形成结构化、可查询的知识体系的过程。整个过程旨在创建一个结构化且易于查询的知识库，以便支持各种应用场景的需求。

1）收集和整理相关的数据，确保数据的质量和一致性。

2）设计知识图谱的模型，定义实体（如人物、地点、组织等）及其属性，以及实体之间的关系类型。

3）使用合适的工具或编程语言（如 Cypher 用于 Neo4j）将数据导入知识图谱数据库中，建立节点和边来表示实体及其关系。

4）通过编写查询语句来检索和分析知识图谱中的信息，提取有价值的知识和洞察结果。

2. 知识图谱在知识表示中的作用

知识图谱在知识表示中扮演着重要的角色，其主要作用具体如下。

1）结构化表示：清晰展示实体间的关系，如人物关系、事件发展等。

2）信息整合：融合多源信息，去冗余，提升效率。

3）语义增强：丰富语义信息，支持语义推理。

4）可视化展示：图形化知识，易于理解与传播。

5）智能应用：优化搜索，实现智能问答。

6）知识共享与重用：标准化表示，便于知识共享、重用与应用。

7）动态更新：实时反映新知识，支持演化分析。

8）复杂关系表示：表示多元关系，构建复杂知识网络。

3. 案例

【例 3-1】 进入 DeepSeek 网站，通过 AI 问答收集数据。

【操作步骤】

步骤 1：在浏览器中，搜索 DeepSeek 网站或直接输入网址 https://www.deepseek.com/，打开软件操作界面，如图 3-1 所示。

图 3-1　DeepSeek 软件界面

步骤 2：单击“开始对话”按钮，在打开的对话框中输入如下内容“列出人工智能领域中关键技术和典型算法的知识点表和关系表，可以导入到 NRD Studio 中，知识点表包括知识点和描述两个字段，关系表包括源节点、目标节点和关系。”，如图 3-2 所示。DeepSeek 反馈查询结果：“知识点表”如图 3-3 所示，“关系表”如图 3-4 所示。

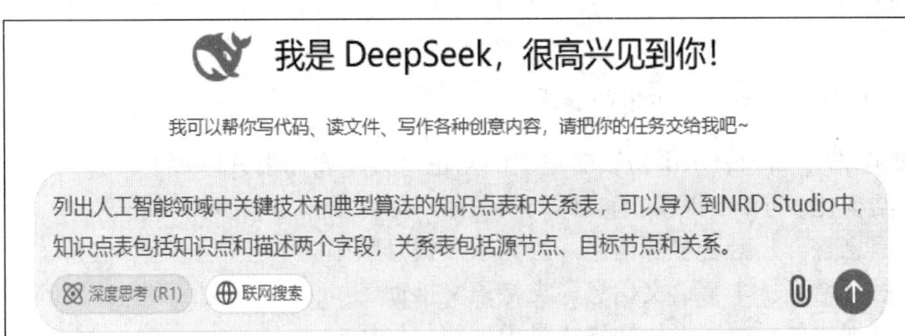

图 3-2　AI 交互问题输入

新对话

总结一下，步骤是：1. 确定主要技术和算法；2. 编写知识点和描述；3. 建立节点间的关系；4. 检查并修正可能的错误或遗漏。这样用户就能得到一个结构清晰、关系明确的知识图谱，方便导入NRD Studio进行可视化展示。

以下是人工智能领域的关键技术及典型算法的知识点表和关系表，可导入到NRD Studio构建知识图谱：

知识点表（Nodes）

知识点	描述
机器学习	通过数据训练模型，使计算机具备学习和预测能力的技术
监督学习	使用标注数据训练模型，用于分类和回归任务
无监督学习	从无标注数据中发现隐藏模式和结构
强化学习	通过试错和奖励机制训练智能体进行决策
深度学习	基于多层神经网络的机器学习方法
神经网络	模仿生物神经网络的数学模型，用于特征学习和复杂模式识别

图 3-3　数据获取——知识点表

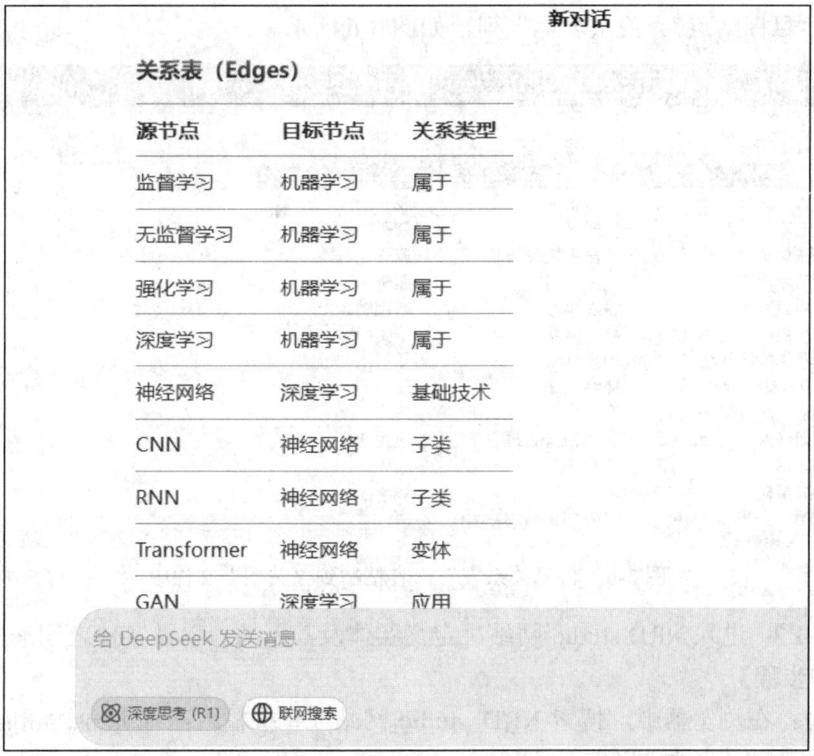
新对话

关系表（Edges）

源节点	目标节点	关系类型
监督学习	机器学习	属于
无监督学习	机器学习	属于
强化学习	机器学习	属于
深度学习	机器学习	属于
神经网络	深度学习	基础技术
CNN	神经网络	子类
RNN	神经网络	子类
Transformer	神经网络	变体
GAN	深度学习	应用

图 3-4　数据获取——关系表

步骤 3：打开素材文件“NRD Studio Excel 模板”文件中的“节点_nodes.xlsx”文件。复制“知识点表”的“知识点”和“描述”数据，粘贴到 Excel 文件对应的“节点名称”和“描述”列，如图 3-5 所示。

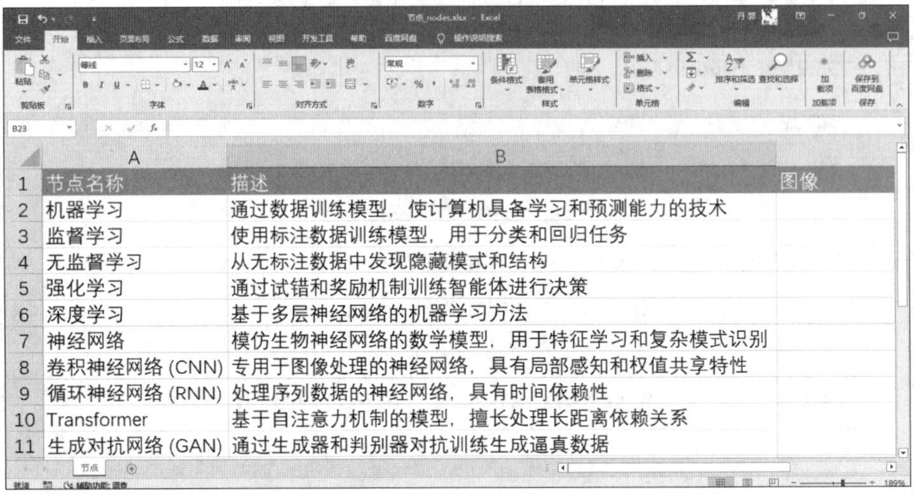

	A	B	C
1	节点名称	描述	图像
2	机器学习	通过数据训练模型，使计算机具备学习和预测能力的技术	
3	监督学习	使用标注数据训练模型，用于分类和回归任务	
4	无监督学习	从无标注数据中发现隐藏模式和结构	
5	强化学习	通过试错和奖励机制训练智能体进行决策	
6	深度学习	基于多层神经网络的机器学习方法	
7	神经网络	模仿生物神经网络的数学模型，用于特征学习和复杂模式识别	
8	卷积神经网络 (CNN)	专用于图像处理的神经网络，具有局部感知和权值共享特性	
9	循环神经网络 (RNN)	处理序列数据的神经网络，具有时间依赖性	
10	Transformer	基于自注意力机制的模型，擅长处理长距离依赖关系	
11	生成对抗网络 (GAN)	通过生成器和判别器对抗训练生成逼真数据	

图 3-5　将“知识点表”内容粘贴到“节点”文件中

步骤 4：打开素材文件“NRD Studio Excel 模板”文件中的“关系_links.xlsx”文件。复制“关系表”的“源节点”“目标节点”“关系名称”数据，粘贴到 Excel 文件对应的“源节点”“目标结点”“关系名称”列，如图 3-6 所示。

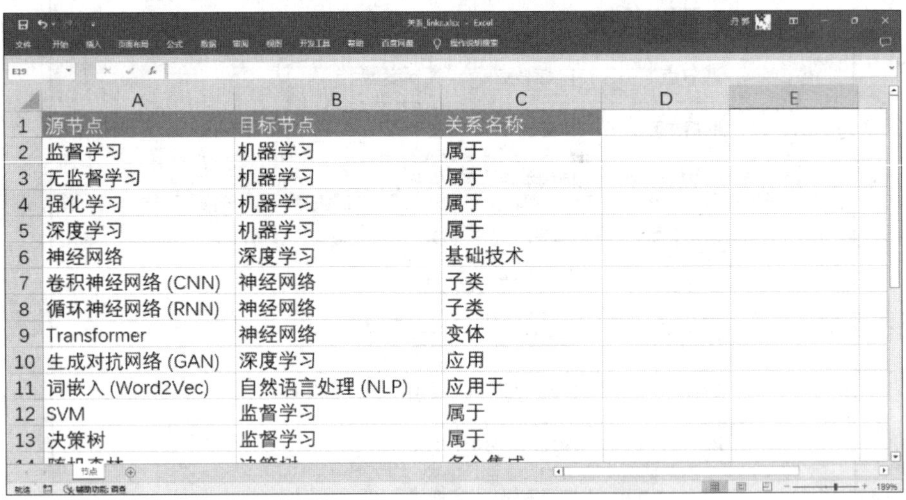

	A	B	C
1	源节点	目标节点	关系名称
2	监督学习	机器学习	属于
3	无监督学习	机器学习	属于
4	强化学习	机器学习	属于
5	深度学习	机器学习	属于
6	神经网络	深度学习	基础技术
7	卷积神经网络 (CNN)	神经网络	子类
8	循环神经网络 (RNN)	神经网络	子类
9	Transformer	神经网络	变体
10	生成对抗网络 (GAN)	深度学习	应用
11	词嵌入 (Word2Vec)	自然语言处理 (NLP)	应用于
12	SVM	监督学习	属于
13	决策树	监督学习	属于

图 3-6　将“关系表”内容粘贴到“关系”文件中

【例 3-2】 进入 NRD studio 网站，定义实体及其属性，以及实体之间的关系类型。

【操作步骤】

步骤 1：在浏览器中，搜索 NRD studio 网站或直接输入网址 https://nrdstudio.cn/，打开软件操作界面，如图 3-7 所示。

步骤 2：单击“免费使用”按钮，打开如图 3-8 所示的界面，单击“新建”按钮，在打开的下拉列表中选择“2D 图谱”选项。

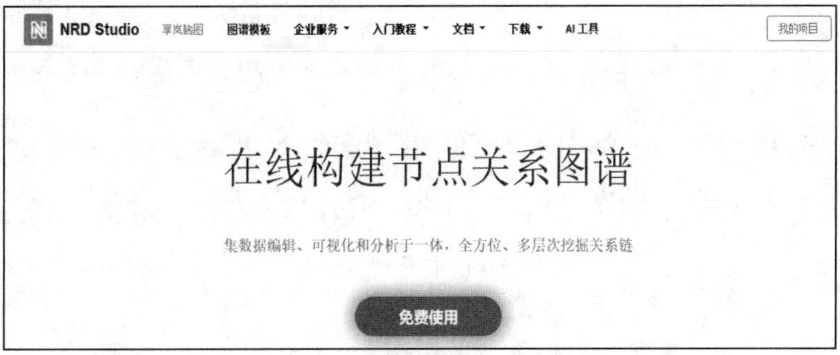

图 3-7　NRD studio 软件界面

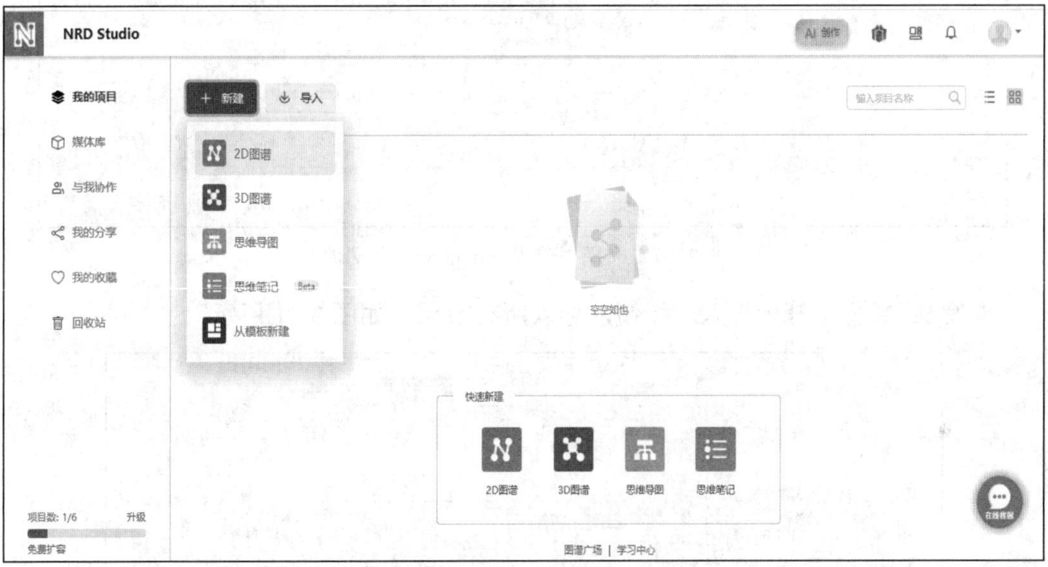

图 3-8　新建 2D 知识图谱项目

步骤 3：在新建项目窗口中，选择“默认空白项”｜“新建”命令。

步骤 4：在打开的新建项目窗口中，选择“文件”｜“导入”命令，如图 3-9 所示，打开“导入”对话框，将“数据类型”设置为“节点”，“文件类型”设置为“Excel”，单击“上传文件”按钮，打开“打开”对话框，选择已经存储好数据的“节点_nodes.xlsx”文件，单击“打开”按钮，如图 3-10 所示。

图 3-9　“文件”菜单

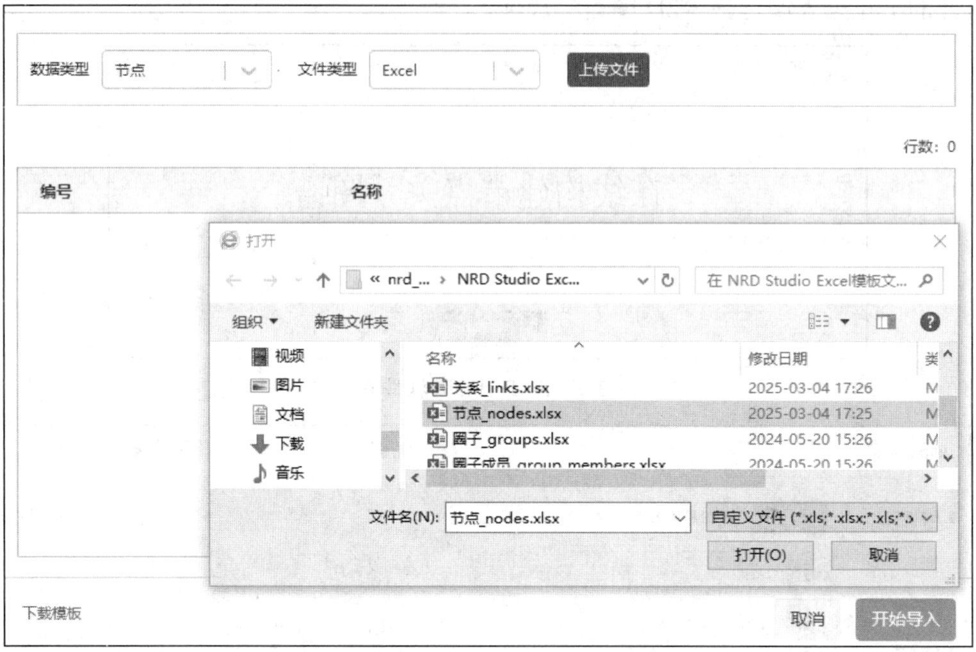

图 3-10　选择“节点_nodes.xlsx”文件

步骤 5：单击“开始导入”按钮，导入所有节点，如图 3-11 所示。

图 3-11　在“导入”窗口选择节点导入

步骤 6：继续导入数据关系。将“数据类型”设置为“关系”，“文件类型”设置为“Excel”，单击“上传文件”按钮，打开“打开”对话框，选择已经存储好数据的“关系_links.xlsx”文件，单击“打开”按钮。选中“序号”复选框，全选所有关系，单击“开始导入”按钮，导入所有关系，如图 3-12 所示。操作完成后，生成的知识图谱如图 3-13 所示，默认采用“力导图”模式。

图 3-12　导入关系

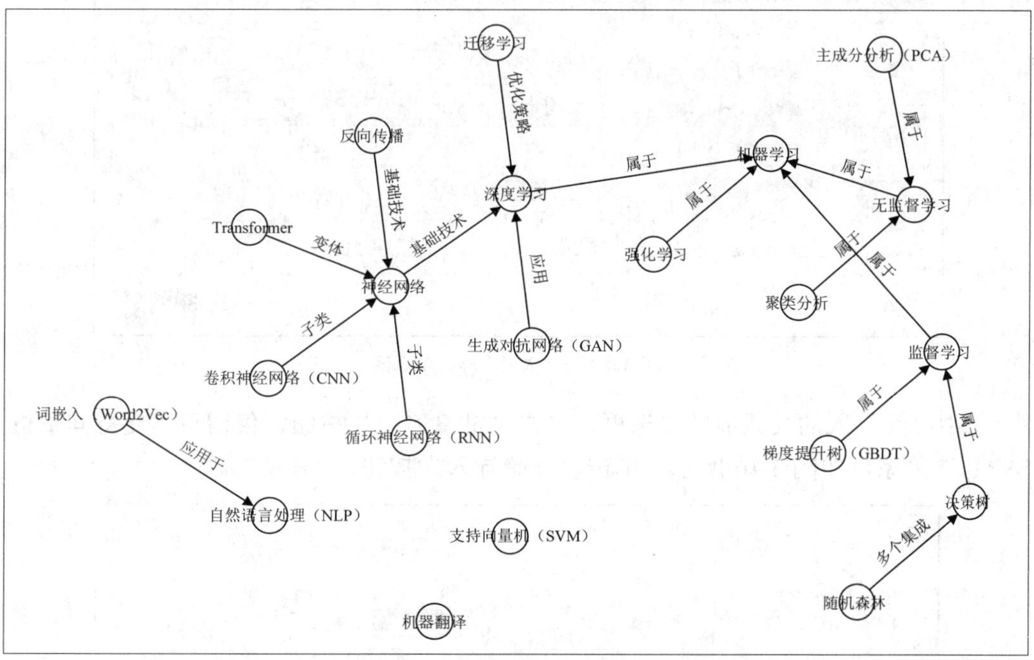

图 3-13　“力导图”布局的知识图谱

步骤 7：处理孤点“支持向量机（SVM）”。

分析出现孤点的原因：在“关系_links.xlsx”文件中采用了“SVM”的缩写形式，无法一一对应，如图 3-14 所示。

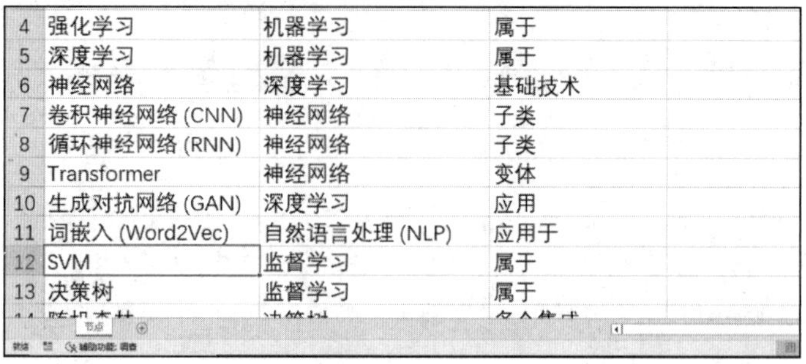

图 3-14 “关系_links.xlsx”文件中的“SVM”孤立点

打开“关系_links.xlsx”文件，将“SVM”改为“支持向量机（SVM）”。在 NRD Studio 中，导入新修改的关系，如图 3-15 所示。

图 3-15 导入修改后的关系

选中已经导入的关系前的复选框，单击“批量删除”按钮，仅留下“支持向量机（SVM）”关系，如图 3-16 所示，单击“开始导入”按钮。

图 3-16 仅留下“支持向量机（SVM）”关系

步骤 8：处理孤点“机器翻译”。

分析出现孤点的原因：在“关系_links.xlsx”文件中没有该知识的关系。

方法一：打开“关系_links.xlsx”文件，添加关系信息到 Excel 文件中，如图 3-17 所示。需要注意的是，“关系_links.xlsx”文件中节点名称与“节点_nodes.xlsx”文件中节点名称要保持一致。

图 3-17　添加新关系到“关系_links.xlsx”文件

打开 NRD Studio 中的知识图谱文件，导入新修改的关系，如图 3-18 所示。

图 3-18　导入新修改的关系到 NRD Studio 中

方法二：在 NRD Studio 中直接添加关系，在图 3-13 中选中“机器翻译”图标，当光标变成“+”时，如图 3-19 所示。按住鼠标左键向“自然语言处理（NLP）”拖动连线，单击连线，在“编辑关系”对话框中填写关系名词，如图 3-20 所示。

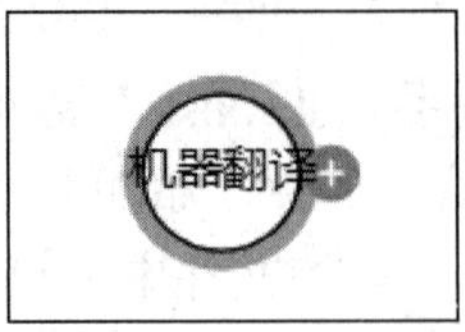

图 3-19　NRD Studio 中的关系连接状态

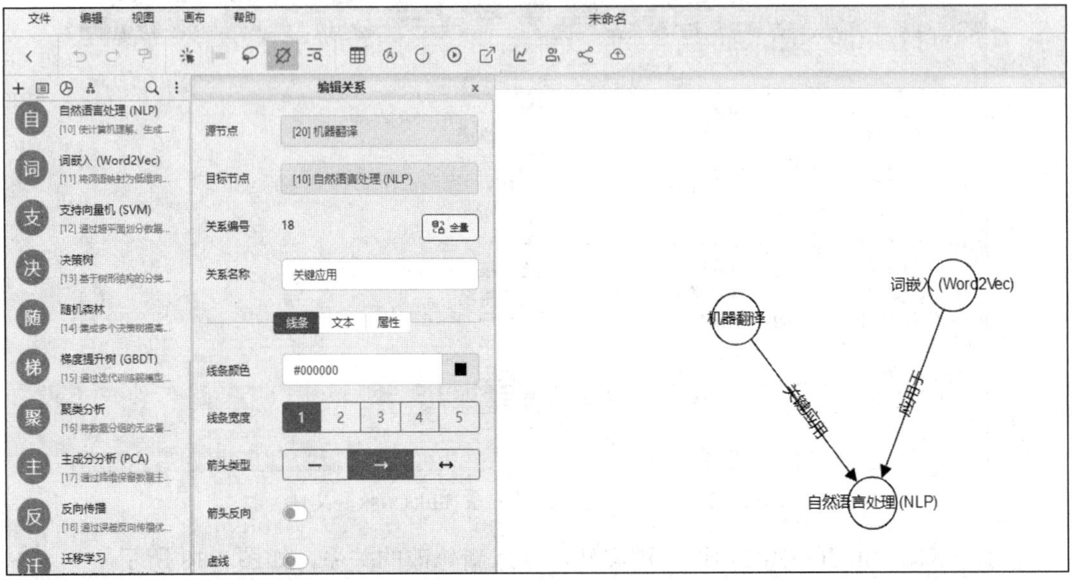

图 3-20　编辑关系

步骤 9：在图谱区右击，在弹出的快捷菜单中选择“添加节点”命令，如图 3-21（a）所示，打开“新建节点”对话框，在“名称”文本框中输入“人工智能”，如图 3-21（b）所示。

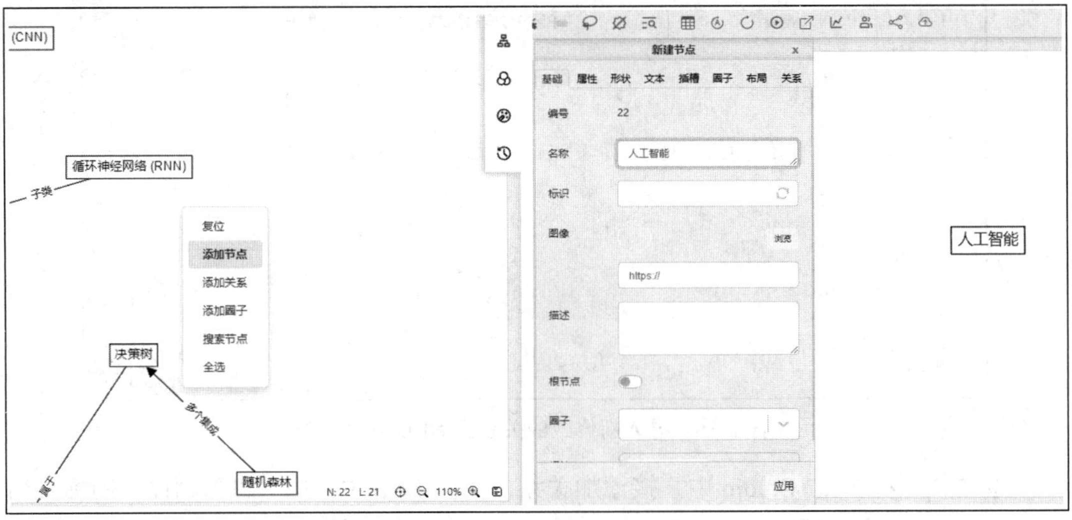

（a）图谱区添加节点　　　　　　（b）新建节点的“基础”标签

图 3-21　添加“人工智能”节点

步骤 10：在“新建节点”对话框中，单击“关系”|“机器学习”|“添加关系”按钮，如图 3-22 所示。

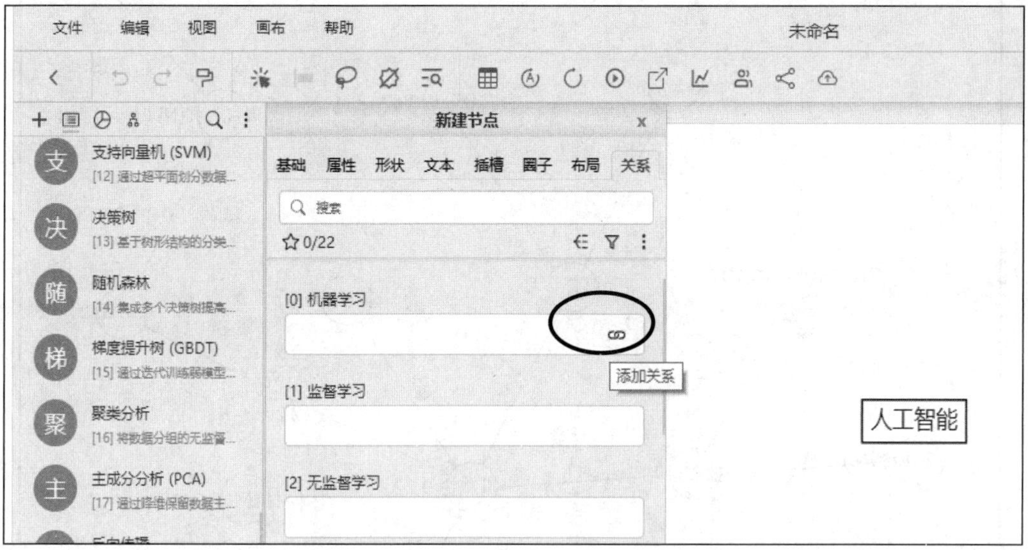

图 3-22　添加新节点的关系

单击“+”按钮，系统会自动添加“人工智能”与“机器学习”的关系，如图 3-23 所示。

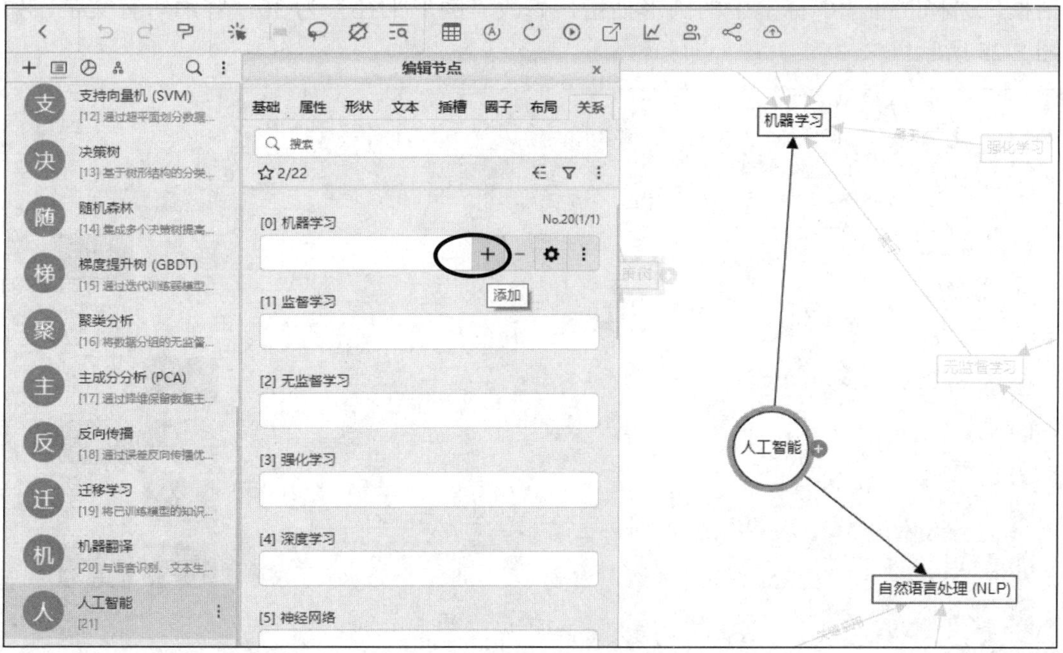

图 3-23　添加“人工智能”与“机器学习”的关系

加入“人工智能”根节点后，得到新的知识图谱，如图 3-24 所示。

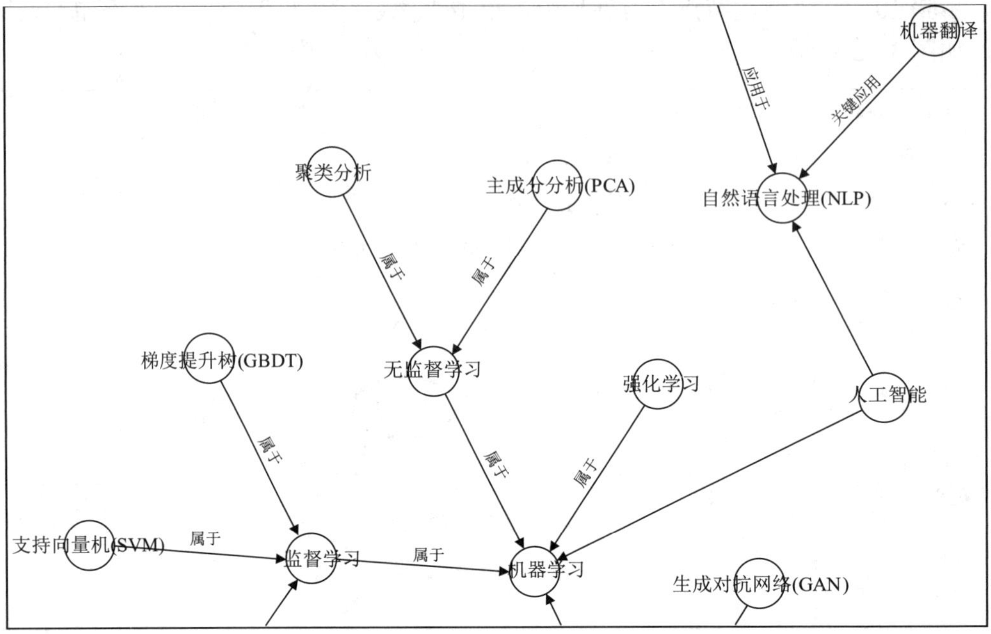

图 3-24　加入“人工智能”节点和关系后的知识图谱

步骤 11：打开右侧“辅助条”，单击“主题”按钮，打开“主题”面板，在“系统通用”中选择适合数据展示的主题。单击“人工智能”节点图标，打开“编辑节点”对话框，选择“插槽”标签中的圆形插槽，修改“圆形半径”为 30，容纳所有文字，如图 3-25 所示。

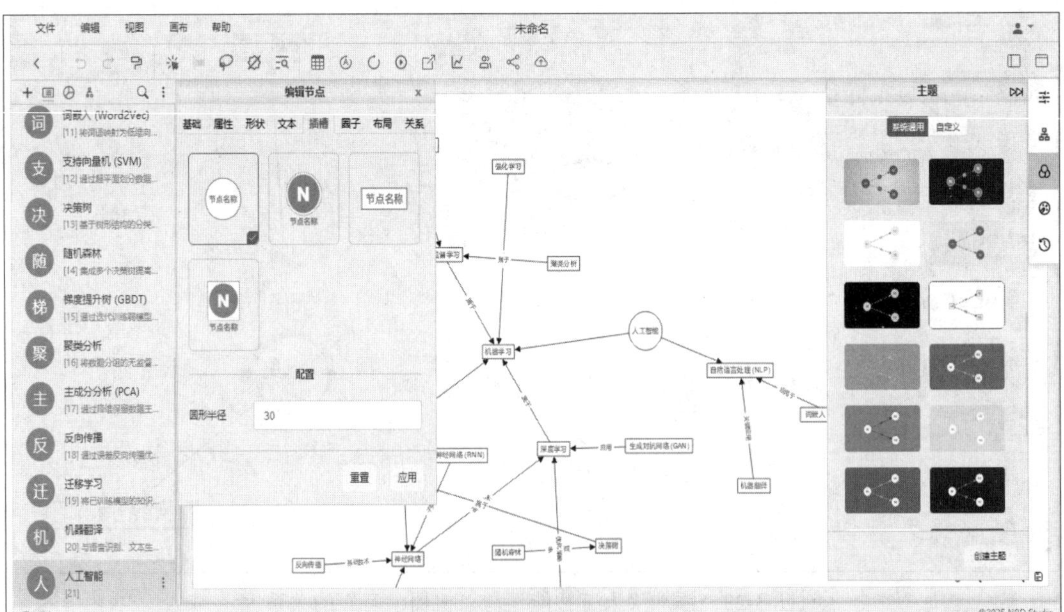

图 3-25　修改“人工智能”节点

对知识图谱进行适当调整后，知识节点和关系变得清晰明了，如图 3-26 所示。

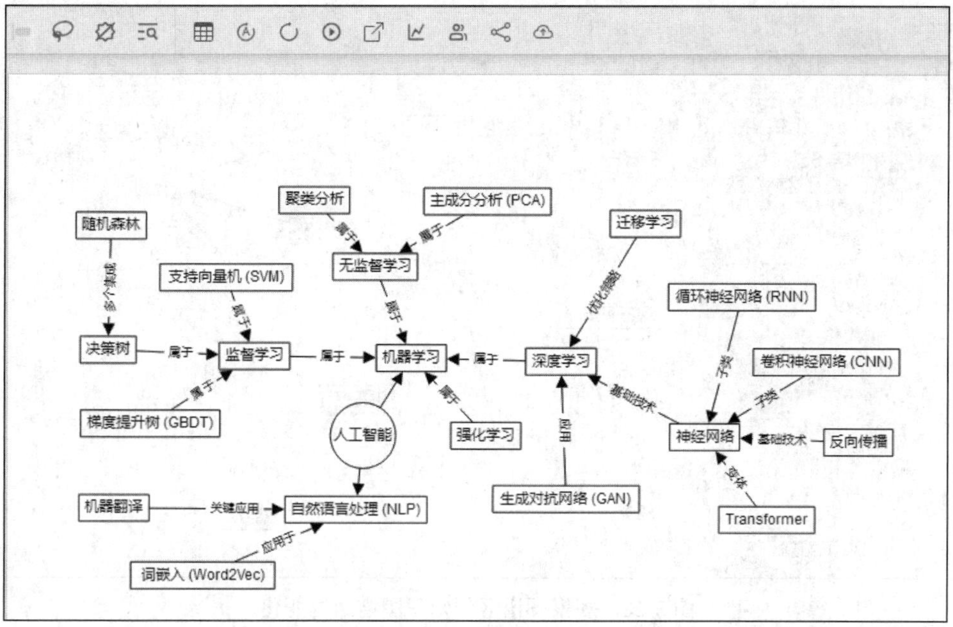

图 3-26　基于 DeepSeep 获取数据并在 NRD Studio 中构建的知识图谱

【例 3-3】 在 NRD Studio 中，进行统计分析和筛选查询。实验目的是深入了解图谱数据的内在联系和规律，快速定位到所需的信息。

【操作步骤】

步骤 1：单击图 3-26 工具栏中的统计分析按钮 ，打开统计分析仪表盘，总览重要模块数据，如图 3-27 所示。

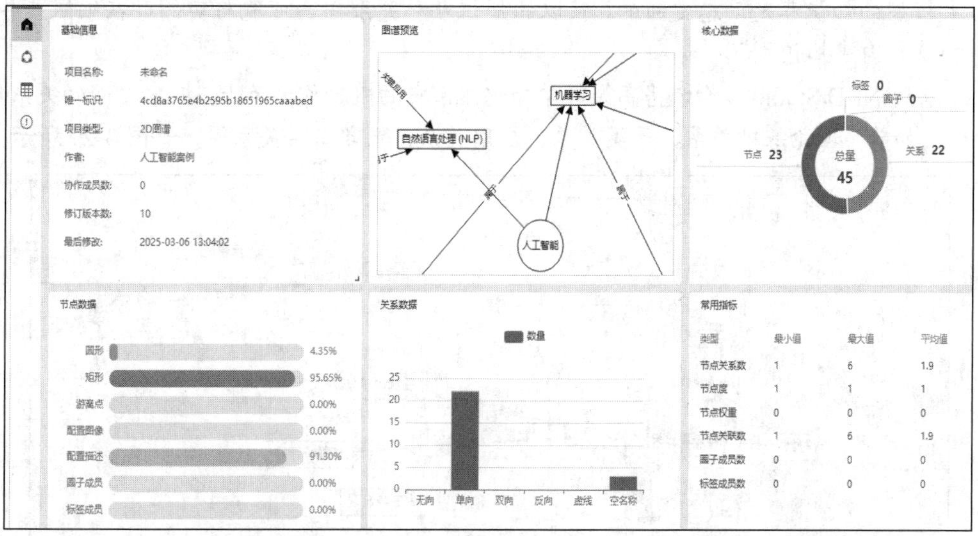

图 3-27　NRD Studio 统计分析仪表盘

步骤 2：交互分析图谱节点、关系、属性等。选择“筛选”|“关系类别”｜“属于”选项，观察图谱区的知识图谱结构变化，如图 3-28 所示。

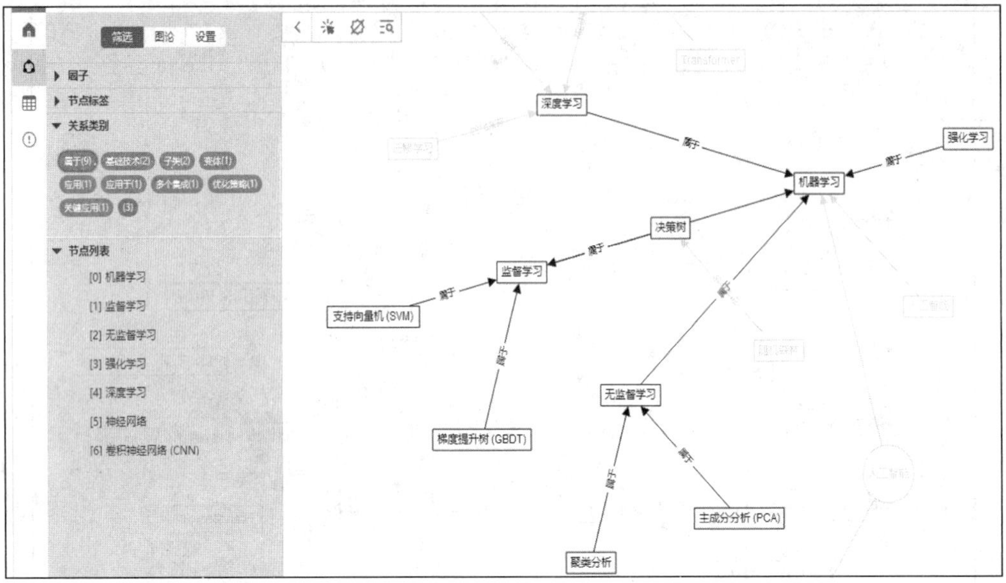

图 3-28　观察图谱区的知识图谱结构变化

拓展实验

构建高等数学课程体系的知识图谱。

具体步骤与实验要求如下。

（1）查找数据

使用 AI 大模型获取高等数学知识体系中的关键术语、概念及其之间的关系。由于 AI 大模型的知识库是动态更新的，获取的知识点和关系描述可能与实例存在细微差异。

（2）构建知识图谱

采用 NRD Studio 平台，将高等数学知识体系中的概念作为节点，概念之间的关系作为边，如前序理论基础关系、子类关系、应用关系、数学工具关系等，如图 3-29 所示。

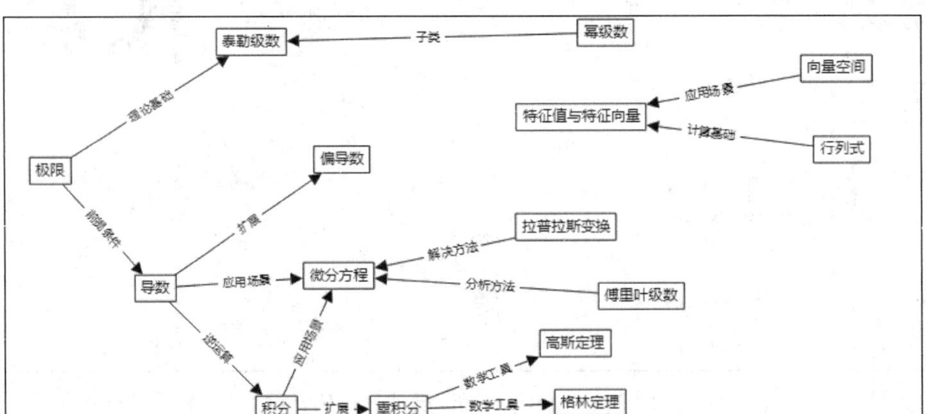

图 3-29　高等数学知识体系图谱

实验 4
智能学习数据预处理实验——Excel 数据处理基础与 ChatExcel AI 辅助

实验目的

1）熟悉 Excel 的基本界面和操作流程。

2）掌握 Excel 中数据的输入、编辑、计算和分析等基本技能。

3）熟练通过自然语言处理技术简化 Excel 数据处理流程。

4）探索 ChatExcel 在 Excel 数据处理中的高级功能。

5）通过对比传统 Excel 操作与 ChatExcel 的智能化处理，理解人工智能在数据处理领域的优势和应用前景。

实验内容

1. Excel 电子表格处理软件

Excel 是一款电子表格处理软件，主要用于数据的处理、统计、分析与计算。在开始使用 Excel 之前，需要了解其基本界面，包括标题栏、菜单栏、工具栏、编辑栏、行/列标题栏、水平垂直滚动条、编辑区、工作表标签和状态栏等。

Excel 文件称为工作簿，一个工作簿中可以包含多个工作表，每个工作表都有一个默认的标签（如 sheet1、sheet2 等）。工作表中的每一个格称为单元格，带黑色外框的单元格称为活动单元格。

2. ChatExcel 人工智能办公辅助工具——电子表格处理软件

ChatExcel 是中国首款生成式 AI Excel 与数据分析应用，由北京大学在读博士团队创业项目打造，是一款在线 AI Excel 工具和数据分析平台，用户仅需通过聊天即可轻松操作 Excel 表格并进行数据分析。ChatExcel 彻底改变了传统 Excel 用户与 Excel 的交互方式，将用户从烦琐的公式与运算中解放出来，无须编写复杂的公式和代码，显著降低了 Excel 使用门槛，让用户专注于数据本身和分析过程。

3. Excel 基本操作

一个新建工作簿文件默认包含 3 个工作表，每个工作表中包含 2^{20} 行和 2^{14} 列单元格，单元格是 Excel 工作表中最小的操作单元。

选择“文件”|“选项”命令，打开“Excel 选项”对话框，在“常规”组中，新建工作簿时包含的工作表默认为 3 个，最多包含 255 个，可以手动插入工作表。工作表个数的多少与内存大小有关，实际可以远远大于 255 个。

（1）公式元素

在一个空单元格中输入一个等号（=）时，Excel 认为此时在输入公式，输入单元格中的公式内容包含以下 5 种元素。

1）运算符：如加号（+）和乘号（*）等。

2）单元格引用：即命名的单元格和范围，如 A1、A1:B3、Sheet1!B5 和定义的名称等。

3）值或字符串：如 7.5（数值）或"北京"（字符串，要用西文引号括起来）等。

4）函数及其参数：如 SUM(B2:B8)。

5）括号：控制公式中各表达式的计算顺序。

（2）名称

在 Excel 中可以为一个单元格或者一个单元格范围命名一个名称，之后即可在公式中使用它了。

1）名称的作用域：名称的作用域决定了名称的使用场合。

① 工作簿层次名称：可以用于同一个工作簿中的任何工作表，为 Excel 默认的名称类型。

② 工作表层次名称：单独情况下只能用于定义的那个工作表，但加上工作表的名称作为前缀就可以在其他工作表中使用。

2）创建单元格和范围名称。

① 使用“新建名称”对话框创建名称：单击“公式”|“定义的名称”|“定义名称”按钮，在打开的“新建名称”对话框中设置相关参数。

② 使用名称框创建名称：这是为单元格和范围创建名称的最快捷的方式。

③ 根据单元格中的文本创建名称：先选中名称文本和希望命名的单元格（或范围），单击“公式”|“定义的名称”|“根据所选内容创建”按钮，打开“根据所选内容创建名称”对话框，设置名称。

④ 为整列和整行创建名称：先单击列字母（或行数字）选中整列（或整行），再在名称框中输入名称，按 Enter 键（或在“新建名称”对话框中操作）。

⑤ Excel 自动创建名称：如果设置了一个打印区域，Excel 就会为这个区域自动创建一个名称 Print_Area；如果设置了重复打印的行或列，Excel 也会自动定义一个工作表层次的名称 Print_Titles。

（3）在公式中使用运算符

公式中使用的运算符如表 4-1 所示。

表 4-1　公式中使用的运算符

符号	运算符名称
-	负号
%	百分号
^	乘方
*、/	乘号和除号
+、-	加号和减号
&	文本连接运算符
=、<、>、<=、>=、<>	比较运算符

（4）单元格和范围引用

大多数公式会使用单元格或范围地址来引用一个或多个单元格。单元格引用有 3 种类型，用符号$加以区别。

1）相对引用。这种引用是完全相对的引用。复制公式时，单元格地址会发生相对的变化，如 A1、A1:B2。

2）绝对引用。这种引用是完全绝对的引用。复制公式时，单元格地址不会发生相对的变化，如$A$1、$A$1:$B$2。

3）混合引用。这种引用是部分相对、部分绝对（有$符号）的引用，如$A1、A$1。

（5）函数举例

SUM(Number1,Number2,…)，所有函数都需要使用括号，括号中的内容就是函数的参数。

（6）数据透视表

数据透视表是一种交互式的表，可以进行某些计算，如求和、计数等。所进行的计算与数据透视表中的排列有关。

对于数据透视表，可以动态地改变它们的版面布置，以便按照不同的方式分析数据，也可以重新安排行、列和筛选（页）字段。每次改变版面布置时，数据透视表会立即按照新的布置重新计算数据。另外，如果原始数据发生更改，则数据透视表可以自动更新。

1）筛选区域：将数据分析结果自动分页显示。

单击“数据透视表工具-分析”｜“数据透视表”｜“选项”下拉按钮，在打开的下拉列表中选择“显示报表筛选页”命令，打开“显示报表筛选页”对话框，单击“确定”按钮。

2）行区域：行的值可以进行以下几种分组显示。

① 文本分组。

② 日期分组。

③ 数值分组。

3）列区域：使用方法同行区域，但显示效果有所区别。

4）值区域：主要考核值字段设置。

① 值汇总方式：包括求和、计数和平均值等。

② 值显示方式：包括列汇总的百分比、行汇总的百分比等。

4. 案例

【例 4-1】 打开素材文件“学生成绩表.xlsx”，如图 4-1 所示。以下操作要求均基于此文件。

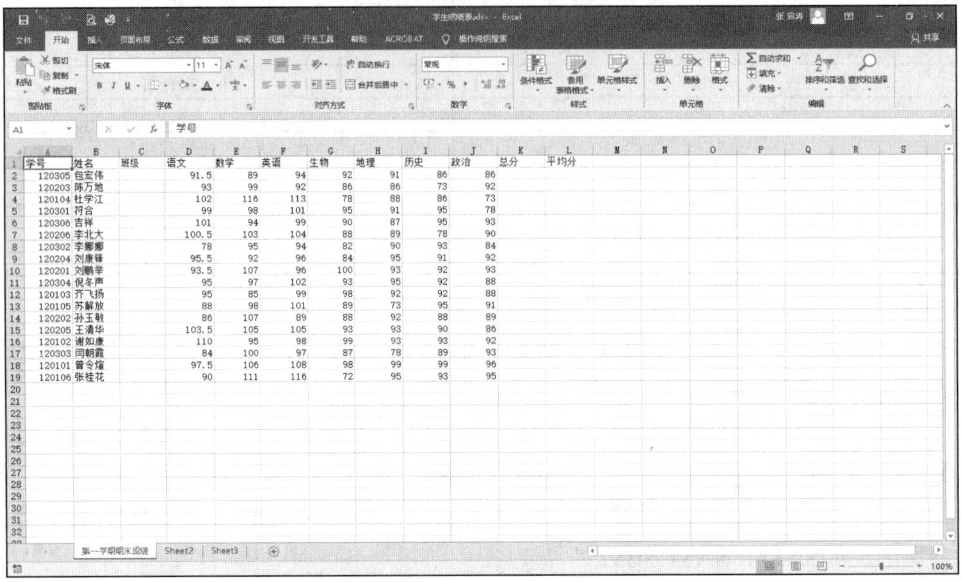

图 4-1　“学生成绩表.xlsx”内容图

1）对工作表“第一学期期末成绩”中的数据进行格式化操作：将第一列“学号”列设为文本，将所有成绩列设为保留两位小数的数值；适当加大行高、列宽，改变字体、字号，设置对齐方式，增加适当的边框和底纹，使工作表更加美观。

【操作步骤】

步骤 1：单击列号 A，选中“学号”列，单击“开始”｜“数字”组右下角的对话框启动器按钮，打开“设置单元格格式”对话框，如图 4-2 所示。在“数字”选项卡“分类”列表中选择“文本”选项，单击“确定”按钮。同理，选中 D 列到 L 列（“语文”

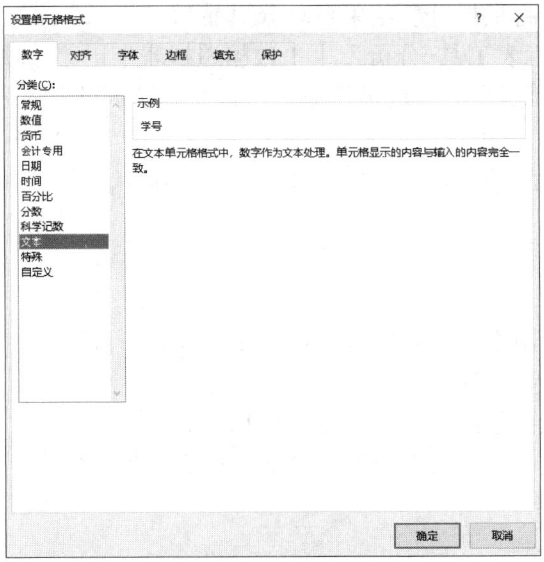

图 4-2　“设置单元格格式”对话框

列到“平均分”列），在“设置单元格格式”对话框“数字”选项卡中选择“数值”选项，右侧小数位数自动呈现两位小数，单击“确定”按钮，关闭对话框。

步骤 2：单击列号 A，按住鼠标左键向右拖动到 L 列，从而选中所有数据列，在蓝色范围内（也就是所选列的范围内）右击，在弹出的快捷菜单中选择“列宽”命令，打开“列宽”对话框，如图 4-3 所示。将列宽设置为“10”，单击“确定”按钮。

单击行号 1，按住鼠标左键向下拖动到 19 行，从而选中所有数据行，在蓝色范围内（也就是所选行的范围内）右击，在弹出的快捷菜单中选择“行高”命令，打开“行高”对话框，如图 4-4 所示。将行高设置为“20”，单击“确定”按钮。

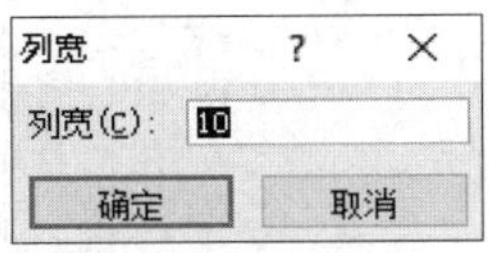

图 4-3 “列宽”对话框

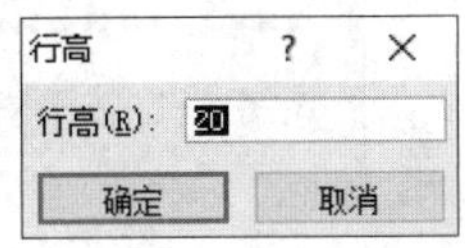

图 4-4 “行高”对话框

步骤 3：单击 A1 单元格，按住鼠标左键拖动到 L19 单元格，从而选中单元格区域 A1:L19，单击“开始”|“字体”组右下角的对话框启动器按钮，打开“设置单元格格式”对话框，如图 4-5 所示。在“字体”选项卡中将字体设为“微软雅黑”，字号设为“14”（这里的字体和字号可以自行选择，只要与原文不一样就可以了）。

切换到“对齐”选项卡，将“水平对齐”和“垂直对齐”均设为居中。

切换到“边框”选项卡，先选择“粗实线”绘制外框，再选择“细实线”绘制内框，如图 4-6 所示。

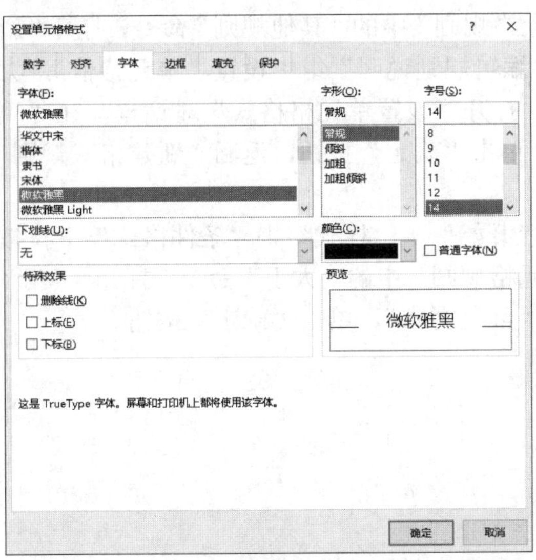

图 4-5 “设置单元格格式”对话框“字体”选项卡

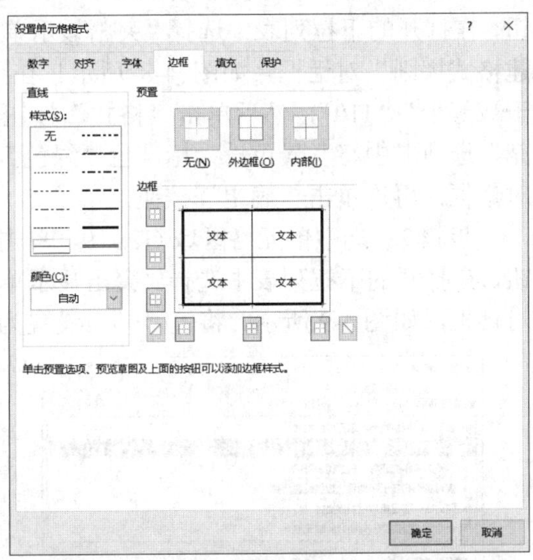

图 4-6 “设置单元格格式”对话框“边框”选项卡

切换到“填充”选项卡，将“背景色”设置为标准色“黄色”，“图案样式”设置为“细 水平 条纹”，“图案颜色”设置为标准色“浅蓝”，如图 4-7 所示。

2）利用“条件格式”功能进行下列设置：将语文、数学、英语 3 科中不低于 110

分的成绩所在的单元格以一种颜色填充，其他 4 科中高于 95 分的成绩以另一种字体颜色标出，所用颜色深浅以不遮挡数据为宜。

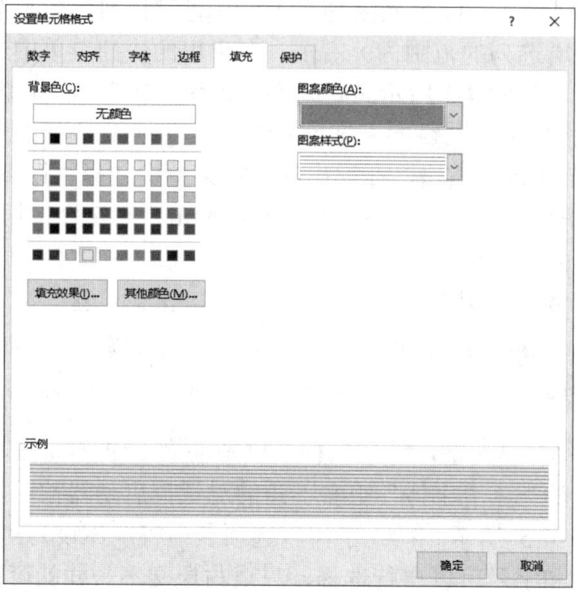

图 4-7 “设置单元格格式”对话框“填充”选项卡

【操作步骤】

步骤 1：选中单元格区域 D2:F19，单击“开始” | “样式” | “条件格式”下拉按钮，在打开的下拉列表中选择“突出显示单元格规则”中的“其他规则”命令，打开“新建格式规则”对话框，如图 4-8 所示。在“编辑规则说明”组中设置“单元格值”“大于或等于”“110”，然后单击“格式”按钮，打开“设置单元格格式”对话框，在“填充”选项卡中将背景色设为标准色“绿色”，单击“确定”按钮，返回“新建格式规则”对话框，再次单击“确定”按钮。

步骤 2：选中单元格区域 G2:J19，单击“开始” | “样式” | “条件格式”下拉按钮，在打开的下拉列表中选择“突出显示单元格规则”中的“大于”命令，打开“大于”对话框，如图 4-9 所示。将值“95”设置为“红色文本”，单击“确定”按钮。

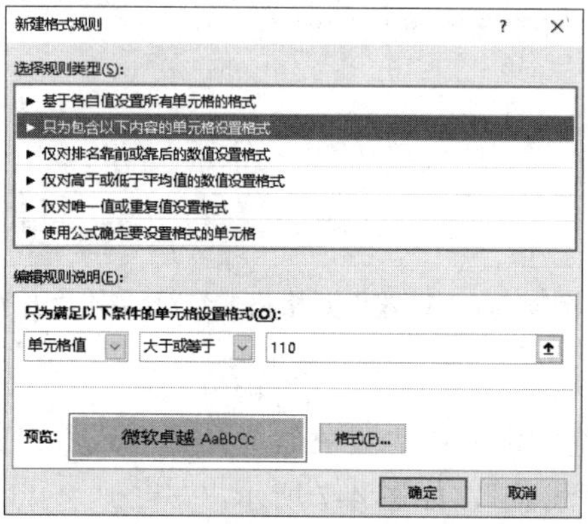

图 4-8 “新建格式规则”对话框

图 4-9 “大于”对话框

3）复制工作表“第一学期期末成绩”，将副本置于原工作表之后；改变该副本表标签的颜色，并重新命名为“期末成绩汇总”。

【操作步骤】

步骤 1：右击工作表标签“第一学期期末成绩”，在弹出的快捷菜单中选择“移动或复制”命令，打开“移动或复制工作表”对话框，如图 4-10 所示。在对话框中选中“建立副本”复选框，在“下列选定工作表之前”列表中选择“Sheet2”工作表，单击“确定”按钮。

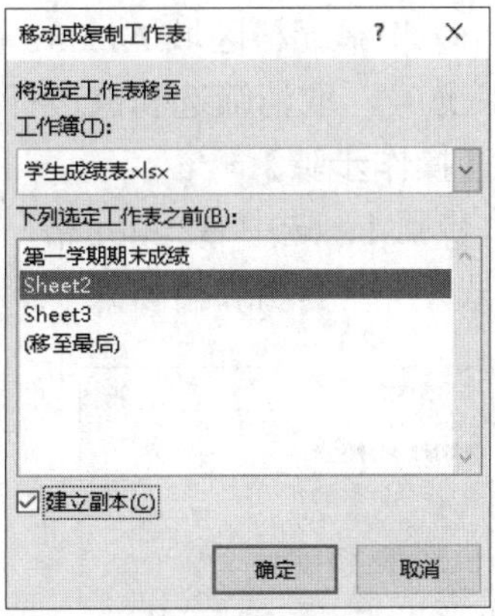

图 4-10　“移动或复制工作表”对话框

注　意

复制的工作表要在原表之后，也就是在“Sheet2”工作表之前。

步骤 2：这时可以看到在工作表标签“第一学期期末成绩”后面复制了一个名为“第一学期期末成绩（2）”的新工作表。

右击工作表标签“第一学期期末成绩（2）”，在弹出的快捷菜单中选择“工作表标签颜色”为标准色“红色”。

右击工作表标签“第一学期期末成绩（2）”，在弹出的快捷菜单中选择“重命名”命令，输入工作表名称“期末成绩汇总”。

【例 4-2】 打开素材文件“城市降水量统计表.xlsx”，如图 4-11 所示。以下操作要求均基于此文件。

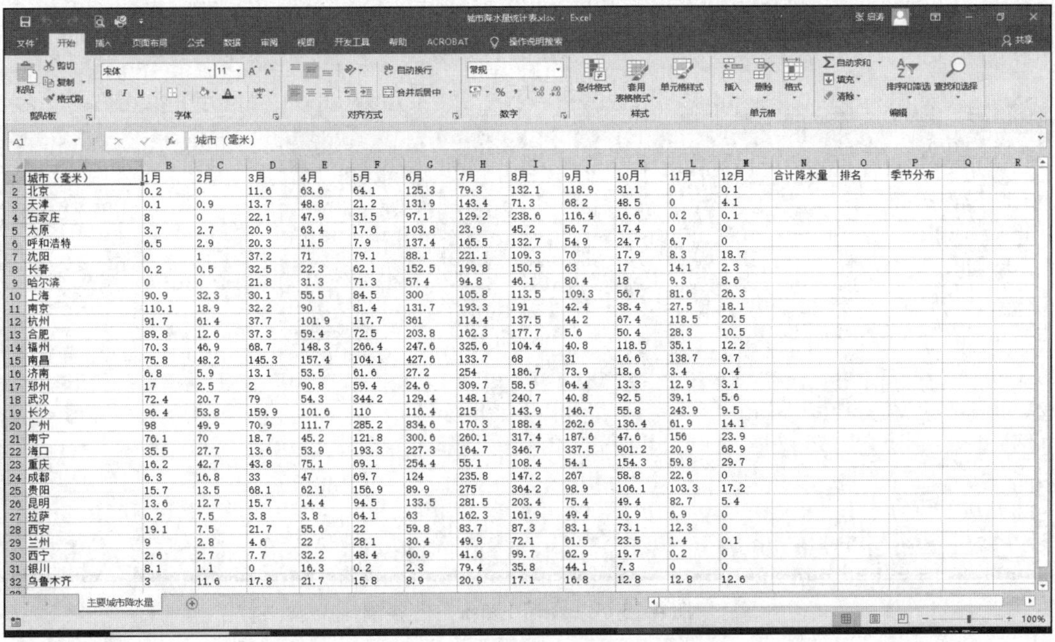

城市（毫米）	1月	2月	3月	4月	5月	6月	7月	8月	9月	10月	11月	12月	合计降水量	排名	季节分布
北京	0.2	0	11.6	63.6	64.1	125.3	79.3	132.1	118.9	31.1	0	0.1			
天津	0.1	0.9	13.7	48.8	21.2	131.9	143.4	71.3	68.2	48.5	0	4.1			
石家庄	8	0	22.1	47.9	31.5	97.1	129.2	238.6	116.4	16.6	0.2	0.1			
太原	3.7	2.7	20.9	63.4	17.6	103.8	23.9	45.2	56.7	17.4	0	0			
呼和浩特	6.5	2.9	20.3	11.5	7.9	137.4	165.5	132.7	54.9	24.7	6.7	0			
沈阳	0	1	37.2	71	79.1	88.1	221.1	109.3	70	17.9	8.3	18.7			
长春	0.2	0.5	32.5	22.3	62.1	152.5	199.8	150.5	63	17	14.1	2.3			
哈尔滨	0	0	21.8	31.3	71.3	57.4	94.8	46.1	80.4	18	9.3	8.6			
上海	90.9	32.3	30.1	55.5	84.5	300	105.8	113.5	109.3	56.7	81.6	26.3			
南京	110.1	18.9	32.2	90	81.4	131.7	193.3	191	42.4	38.4	27.5	18.1			
杭州	91.7	61.4	37.7	101.9	117.7	361	114.4	137.5	44.2	67.4	118.5	20.5			
合肥	89.8	12.6	37.3	59.4	72.5	203.8	162.3	177.7	5.6	50.4	28.3	10.5			
福州	70.3	46.9	68.7	148.3	266.4	247.6	325.6	104.4	40.8	118.5	35.1	12.2			
南昌	75.8	48.2	145.3	157.4	104.1	427.6	133.7	68	31	16.6	138.7	9.7			
济南	6.8	5.9	13.1	53.5	61.6	27.2	254	186.7	73.9	18.6	3.4	0.4			
郑州	17	2.5	2	90.8	59.4	24.6	309.7	58.5	64.4	13.3	12.9	3.1			
武汉	72.4	20.7	79	54.3	344.2	129.4	148.1	240.7	40.8	92.5	39.1	5.6			
长沙	96.4	53.8	159.9	101.6	110	116.4	215	143.9	146.7	55.8	243.9	9.5			
广州	98	49.9	70.9	111.7	285.2	834.6	170.3	188.4	262.6	136.4	61.9	14.1			
南宁	76.1	70	18.7	45.2	121.8	300.6	260.1	317.4	187.6	47.6	156	23.9			
海口	35.5	27.7	13.6	53.9	193.3	227.3	164.7	346.7	337.5	901.2	20.9	68.9			
重庆	16.2	42.7	43.8	75.1	69.1	254.4	55.1	108.4	54.1	154.3	59.8	29.7			
成都	6.3	16.8	33	47	69.7	124	235.8	147.2	267	58.8	22.6	0			
贵阳	15.7	13.5	68.1	62.1	156.9	89.9	275	364.2	98.9	106.1	103.3	17.2			
昆明	13.6	12.7	15.7	14.4	94.5	133.5	281.5	203.4	75.4	49.4	82.7	5.4			
拉萨	0.2	7.5	3.8	3.8	64.1	63	162.3	161.9	49.4	10.9	6.9	0			
西安	19.1	7.5	21.7	55.6	22	59.8	83.7	87.3	83.1	73.1	12.3	0			
兰州	9	2.8	4.6	22	28.1	30.4	49.9	72.1	61.5	23.5	1.4	0.1			
西宁	2.6	2.7	7.7	32.2	48.4	60.9	41.6	99.7	62.9	19.7	0.2	0			
银川	8.1	1.1	0	16.3	0.2	2.3	79.4	35.8	44.1	7.3	0	0			
乌鲁木齐	3	11.6	17.8	21.7	15.8	8.9	20.9	17.1	16.8	12.8	12.8	12.6			

图 4-11　“城市降水量统计表.xlsx”内容图

1）将单元格区域 A1:P32 转换为表格数据区域，为其套用表格格式中的“表样式中等深浅 9”，取消筛选和镶边行，将此表格数据区域的名称修改为“降水量统计”。

【操作步骤】

步骤 1：选中 B2 单元格，按 Ctrl+A 组合键选择数据区域 A1:P32，单击“开始”｜“样式”｜“套用表格格式”下拉按钮，在弹出的下拉列表中选择“表样式中等深浅 9”，打开“套用表格式”对话框，如图 4-12 所示。在打开的对话框中选中“表包含标题”复选框，单击“确定”按钮。

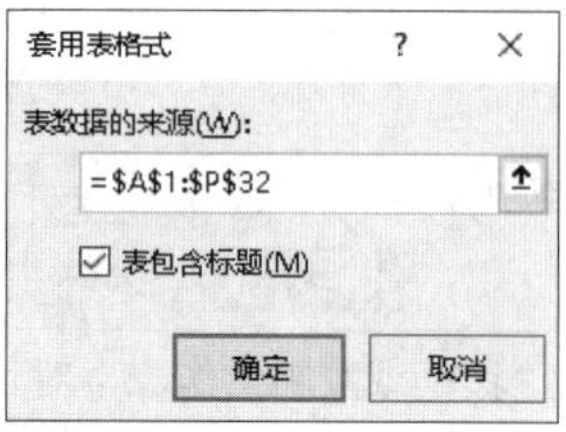

图 4-12　“套用表格式”对话框

步骤 2：选中表格数据区域中任意位置（如 C5 单元格），在“表格工具-设计”｜“表格样式选项”组中取消选中“镶边行”复选框，在“属性”组中将表名称改为“降水量统计”。

步骤 3：选中表格数据区域中任意位置（如 C5 单元格），单击“数据”｜“排序和筛选”｜“筛选”按钮，取消筛选。

2）将表格数据区域“降水量统计”转换为普通数据区域。

【操作步骤】

步骤：选中 B2 单元格，按 Ctrl+A 组合键选择数据区域 A1:P32，单击“表格工具-设计”｜“工具”｜“转换为区域”按钮，在打开的“Microsoft Excel”对话框中单击“是”按钮，此表格数据区域即被转换为普通数据区域。

【例 4-3】 打开素材文件“公式 1.xlsx”，如图 4-13 所示。以下操作要求均基于此文件。

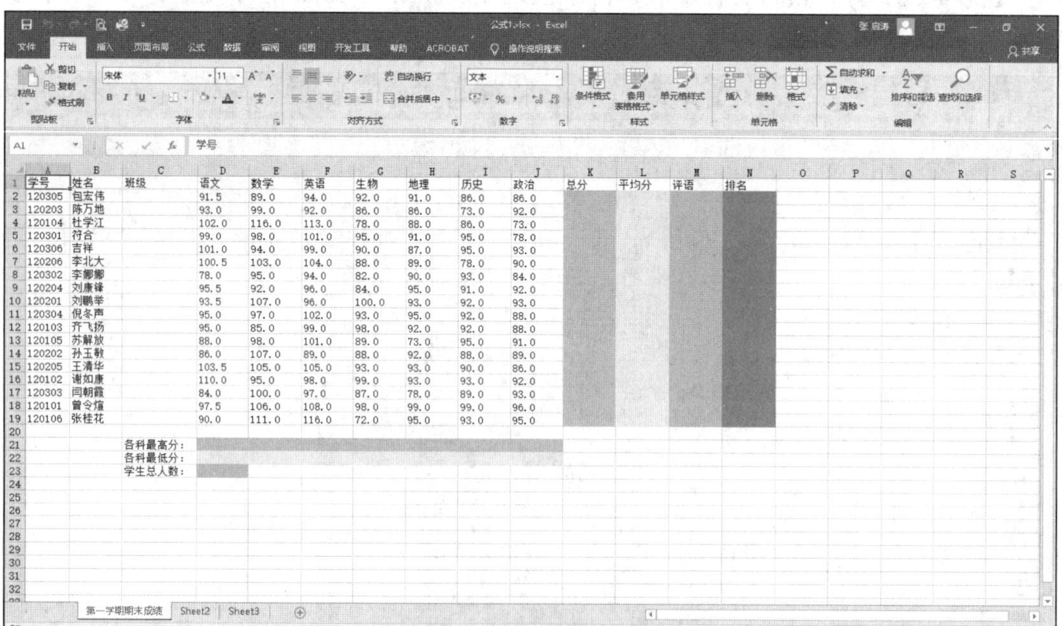

图 4-13　“公式 1.xlsx”内容图

1）利用 SUM 函数和 AVERAGE 函数计算每个学生的总分及平均分。

2）利用 MAX 函数和 MIN 函数计算各科成绩的最高分和最低分。

3）利用 COUNT 函数或者 COUNA 函数计算学生的人数。

4）利用 IF 函数计算每个学生的成绩评语，学生平均分高于（含）100 分的评语为“优秀”，平均分高于 90 分（含）的评语为“良好”，平均分低于 90 分的评语为“一般”。

5）利用 MID 函数和“&”文本连接运算符计算每个学生所在的班级，“学号”列第 4 位代表学生所在的班级。例如，“120105”代表 12 级 1 班 5 号，运用公式提取每个学生的班级信息并填写在“班级”列中，格式如“1 班”“2 班”“3 班”等。

6）利用 RANK.EQ 函数和“&”文本连接运算符计算每个学生的排名，排名依据总分或者平均分，格式如“第 1 名”“第 2 名”“第 3 名”等。

【操作步骤】

步骤 1：选中 K2 单元格，单击“公式”｜“函数库”｜“自动求和”下拉按钮，在打开的下拉列表中选择“求和”命令，按 Enter 键，求出 K2 单元格的总分。

将鼠标指针指向 K2 单元格右下角的自动填充柄，按住鼠标左键拖动填充柄到 K19 单元格，将 K2 单元格中的公式内容复制到 K3 至 K19 单元格。

步骤 2：选中 L2 单元格，单击“公式”｜“函数库”｜“插入函数”按钮，打开“插入函数”对话框，如图 4-14 所示。在“或选择类别”下拉列表中选择“全部”类别，在“选择函数”列表中选择“AVERAGE”函数，单击“确定”按钮，打开“函数参数”对话框，如图 4-15 所示，在“Number1”文本框中输入“D2:J2”，单击“确定”按钮。

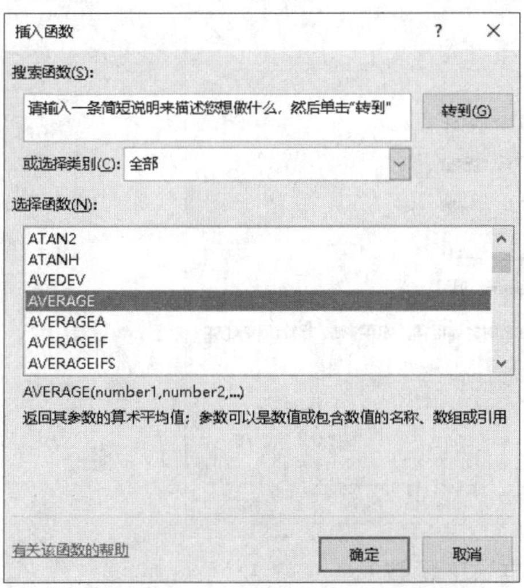

图 4-14　“插入函数”对话框

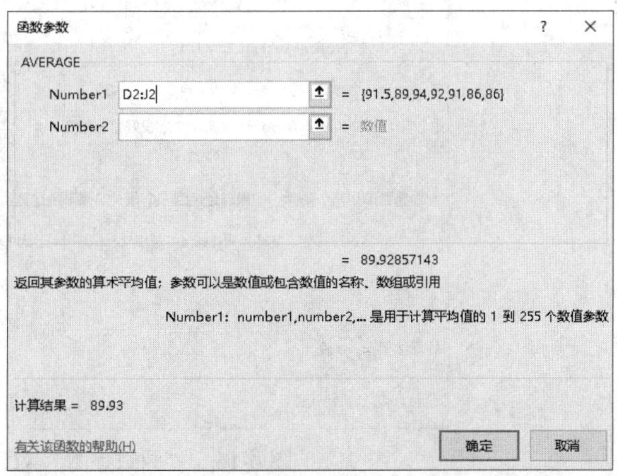

图 4-15　“函数参数”对话框（AVERAGE 函数）

将鼠标指针指向 L2 单元格右下角的自动填充柄，按住鼠标左键拖动填充柄到 L19 单元格，将 L2 单元格中的公式内容复制到 L3 至 L19 单元格。

步骤 3：选中 D21 单元格，单击“公式”｜“函数库”｜“插入函数”按钮，打开“插入函数”对话框，在“或选择类别”下拉列表中选择“全部”类别，在“选择函数”

列表中选择“MAX”函数，单击“确定”按钮，打开“函数参数”对话框，在“Number1”文本框中输入“D2:D19”，单击“确定”按钮。

将鼠标指针指向D21单元格右下角的自动填充柄，按住鼠标左键拖动填充柄到J21单元格，将D21单元格中的公式内容复制到E21至J21单元格。

步骤4：选中D22单元格，单击“公式”|“函数库”|“插入函数”按钮，打开“插入函数”对话框，在“或选择类别”下拉列表中选择“全部”类别，在“选择函数”列表中选择“MIN”函数，单击“确定”按钮，打开“函数参数”对话框，在“Number1”文本框中输入“D2:D19”，单击“确定”按钮。

将鼠标指针指向D22单元格右下角的自动填充柄，按住鼠标左键拖动填充柄到J22单元格，将D22单元格中的公式内容复制到E22至J22单元格。

步骤5：选中D23单元格，单击“公式”|“函数库”|“插入函数”按钮，打开“插入函数”对话框，在“或选择类别”下拉列表中选择“全部”类别，在“选择函数”列表中选择“COUNT”函数，单击“确定”按钮，打开“函数参数”对话框，在“Value1”文本框中输入“A2:A19”，单击“确定”按钮。

步骤6：选中M2单元格，单击“公式”|“函数库”|“插入函数”按钮，打开“插入函数”对话框，在“或选择类别”下拉列表中选择“全部”类别，在“选择函数”列表中选择“IF”函数，单击“确定”按钮，打开“函数参数”对话框，如图4-16所示。在“Logical_test”文本框中输入“L2>=100”，在“Value_if_true”文本框中输入“"优秀"”，在“Value_if_false”文本框中输入“IF(L2>=90,"良好","一般")”，单击“确定”按钮。

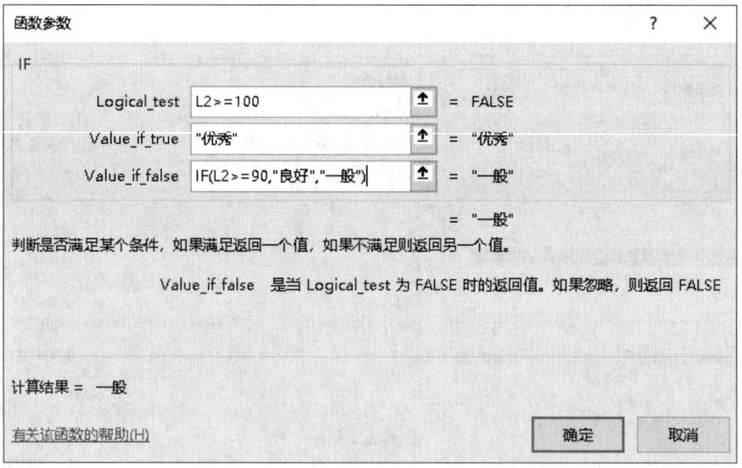

图4-16 “函数参数”对话框（IF函数）

将鼠标指针指向M2单元格右下角的自动填充柄，双击，将M2单元格中的公式内容复制到M3至M19单元格。

步骤7：选中C2单元格，将光标置于表上部的编辑栏中，输入公式“=MID(A2,4,1)&"班"”，单击编辑栏中的“输入”按钮，如图4-17所示。

将鼠标指针指向C2单元格右下角的自动填充柄，双击，将C2单元格中的公式内容复制到 C3 至 C19 单元格。

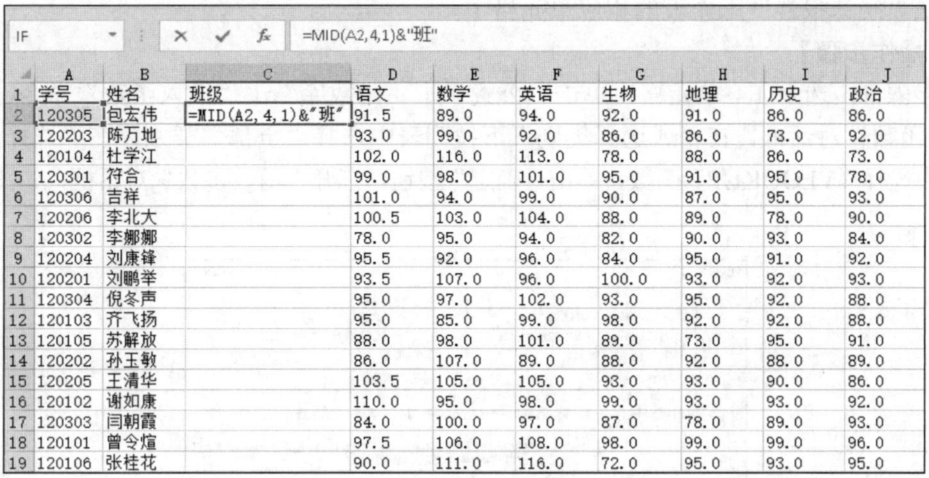

	A	B	C	D	E	F	G	H	I	J
1	学号	姓名	班级	语文	数学	英语	生物	地理	历史	政治
2	120305	包宏伟	=MID(A2,4,1)&"班"	91.5	89.0	94.0	92.0	91.0	86.0	86.0
3	120203	陈万地		93.0	99.0	92.0	86.0	86.0	73.0	92.0
4	120104	杜学江		102.0	116.0	113.0	78.0	88.0	86.0	73.0
5	120301	符合		99.0	98.0	101.0	95.0	91.0	95.0	78.0
6	120306	吉祥		101.0	94.0	99.0	90.0	87.0	95.0	93.0
7	120206	李北大		100.5	103.0	104.0	88.0	89.0	78.0	90.0
8	120302	李娜娜		78.0	95.0	94.0	82.0	90.0	93.0	84.0
9	120204	刘康锋		95.5	92.0	96.0	84.0	95.0	91.0	92.0
10	120201	刘鹏举		93.5	107.0	96.0	100.0	93.0	92.0	93.0
11	120304	倪冬声		95.0	97.0	102.0	93.0	95.0	92.0	88.0
12	120103	齐飞扬		95.0	85.0	99.0	98.0	92.0	92.0	88.0
13	120105	苏解放		88.0	98.0	101.0	89.0	73.0	95.0	91.0
14	120202	孙玉敏		86.0	107.0	89.0	88.0	92.0	88.0	89.0
15	120205	王清华		103.5	105.0	105.0	93.0	93.0	90.0	86.0
16	120102	谢如康		110.0	95.0	98.0	99.0	93.0	93.0	92.0
17	120303	闫朝霞		84.0	100.0	97.0	87.0	78.0	89.0	93.0
18	120101	曾令煊		97.5	106.0	108.0	98.0	99.0	99.0	96.0
19	120106	张桂花		90.0	111.0	116.0	72.0	95.0	93.0	95.0

图 4-17　在 C2 单元格中输入公式

步骤 8：选中 N2 单元格，单击“公式”｜“函数库”｜“插入函数”按钮，打开“插入函数”对话框，在“或选择类别”下拉列表中选择“全部”类别，在“选择函数”列表中选择“RANK.EQ”函数，单击“确定”按钮，打开“函数参数”对话框，如图 4-18 所示。在“Number”文本框中输入“K2”，在“Ref”文本框中输入“$K$2:$K$19”，在“Order”文本框中输入“0”，单击“确定”按钮。

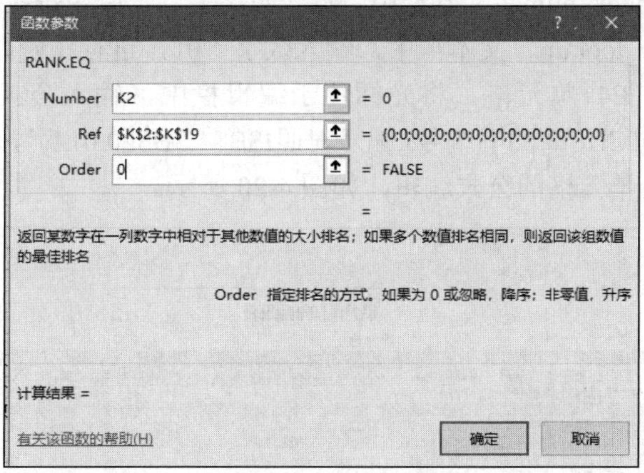

图 4-18　“函数参数”对话框（RANK.EQ 函数）

将鼠标指针指向 N2 单元格右下角的自动填充柄，双击，将 N2 单元格中的公式内容复制到 N3～N19 单元格。

【例 4-4】　打开素材文件“公式 2.xlsx”，以下操作要求均基于此文件。

1）在“订单明细表”工作表的“单价”列中，使用 VLOOKUP 函数完成图书单价的自动填充。“单价”和“图书编号”的对应关系在“编号对照表”工作表中。

2）在“订单明细表”工作表的“图书名称”列中，使用 MATCH 函数和 INDEX 函数完成图书名称的自动填充。

3）根据“订单明细表”工作表中的销售数据，统计所有订单的汇总信息，并将其填写在“统计报告”工作表的相应单元格中。

【操作步骤】

步骤 1：选中 F4 单元格，单击“公式”|“函数库”|“插入函数”命令，打开“插入函数”对话框，在“或选择类别”下拉列表中选择“全部”类别，在“选择函数”列表中选择“VLOOKUP”函数，单击“确定”按钮，打开“函数参数”对话框，如图 4-19 所示。

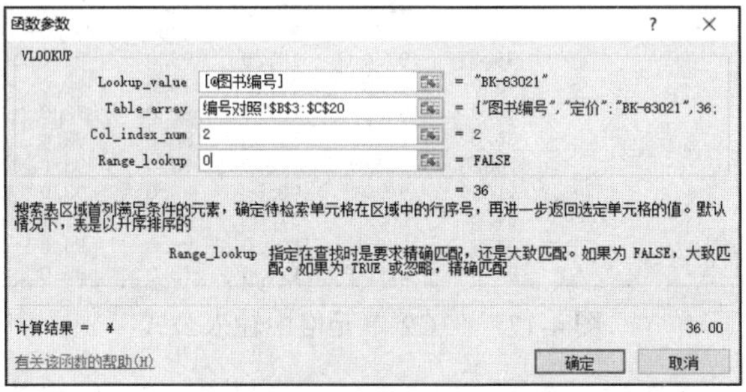

图 4-19 “函数参数”对话框（VLOOKUP 函数）

将光标置于“Lookup_value”文本框中，选择“订单明细表”工作表中的 D4 单元格；将光标置于“Table_array”文本框中，选择“编号对照表”工作表中的 B3:C20 单元格区域，选择完成后按 F4 键，给 B3:C20 单元格地址自动加上符号$进行绝对引用；将光标置于“Col_index_num”文本框中，输入数字“2”，引用查找区域第 2 列中的值；将光标置于“Range_lookup”文本框中，输入数字“0”，进行精确匹配查找。

步骤 2：选中 E4 单元格，将光标置于编辑栏中，输入公式“=INDEX(编号对照!$A$4:$A$20,MATCH([@图书编号],编号对照!$B$4:$B$20,0),1)”，单击编辑栏中的“输入”按钮，完成 E4 单元格的公式编辑，如图 4-20 所示。

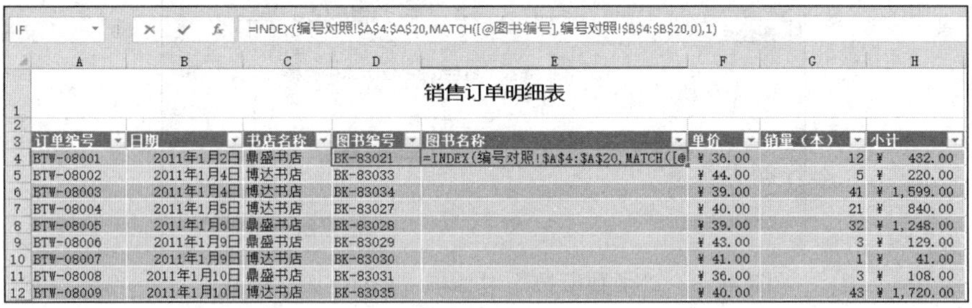

图 4-20 E4 单元格的公式编辑

步骤 3：选中“统计报告”工作表中的 B3 单元格，单击“公式”|“函数库”|“数学和三角函数”下拉按钮，在打开的下拉列表中选择“SUM”函数，打开“函数参数”对话框。将光标置于“Number1”文本框中，选择“订单明细表”工作表中的 H4:H637 单元格区域，单击“确定”按钮。

选中“统计报告”工作表中的 B4 单元格，单击“公式”|“函数库”|“数学和三角函数”下拉按钮，在打开的下拉列表中选择“SUMIFS”函数，打开“函数参数”

对话框，进行相应设置，如图 4-21 所示。

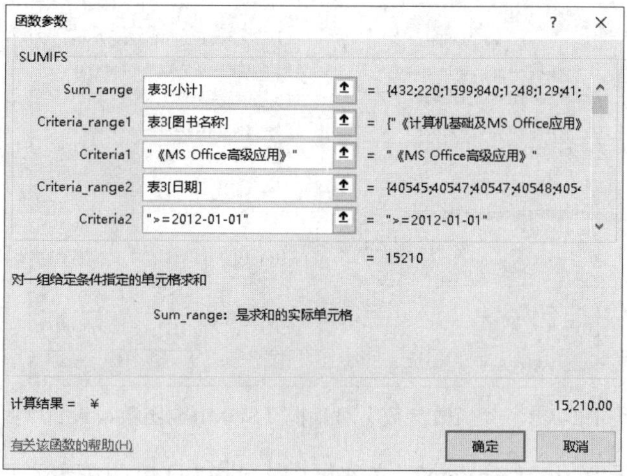

图 4-21　“函数参数”对话框（SUMIFS 函数）设置 1

① 将光标置于“Sum_range”文本框中，选择“订单明细表”工作表中的 H4:H637 单元格区域。设置求和的单元格区域。

② 将光标置于“Criteria_range1”文本框中，选择“订单明细表”工作表中的 E4:E637 单元格区域。设置作为求和条件 1 的单元格区域。

③ 将光标置于“Criteria1”文本框中，输入内容“"《MS Office 高级应用》"”。设置在条件 1 单元格区域中符合的条件值。

④ 将光标置于“Criteria_range2”文本框中，选择“订单明细表”工作表中的 B4:B637 单元格区域。设置作为求和条件 2 的单元格区域。

⑤ 将光标置于“Criteria2”文本框中，输入“">=2012-01-01"”。设置在条件 2 单元格区域中符合的条件值。

⑥ 将光标置于“Criteria_range3”文本框中，选择“订单明细表”工作表中的 B4:B637 单元格区域。设置作为求和条件 3 的单元格区域。

⑦ 将光标置于“Criteria3”文本框中，输入内容“"<2013-01-01"”。设置在条件 3 单元格区域中符合的条件值。

⑧ 单击“确定”按钮。

选中“统计报告”工作表中的 B5 单元格，单击“公式”｜“函数库”｜“数学和三角函数”下拉按钮，在打开的下拉列表中选择“SUMIFS”函数，打开“函数参数”对话框，进行相应设置，如图 4-22 所示。

① 将光标置于“Sum_range”文本框中，选择“订单明细表”工作表中的 H4:H637 单元格区域。设置求和的单元格区域。

② 将光标置于“Criteria_range1”文本框中，选择“订单明细表”工作表中的 C4:C637 单元格区域。设置作为求和条件 1 的单元格区域。

③ 将光标置于“Criteria1”文本框中，输入内容“"隆华书店"”。设置在条件 1 单元格区域中符合的条件值。

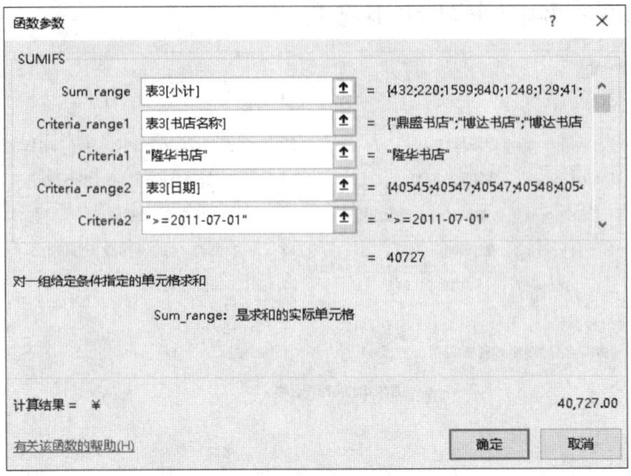

图 4-22 “函数参数”对话框（SUMIFS 函数）设置 2

④ 将光标置于“Criteria_range2”文本框中，选择“订单明细表”工作表中的 B4:B637 单元格区域。设置作为求和条件 2 的单元格区域。

⑤ 将光标置于“Criteria2”文本框中，输入“">=2011-07-01"”。设置在条件 2 单元格区域中符合的条件值。

⑥ 将光标置于“Criteria_range3”文本框中，选择“订单明细表”工作表中的 B4:B637 单元格区域。设置作为求和条件 3 的单元格区域。

⑦ 将光标置于“Criteria3”文本框中，输入内容“"<2011-10-01"”。设置在条件 3 单元格区域中符合的条件值。

⑧ 单击“确定”按钮。

选中“统计报告”工作表中的 B6 单元格，单击“公式”｜“函数库”｜“数学和三角函数”下拉按钮，在打开的下拉列表中选择“SUMIFS”函数，打开“函数参数”对话框，进行相应设置，如图 4-23 所示。

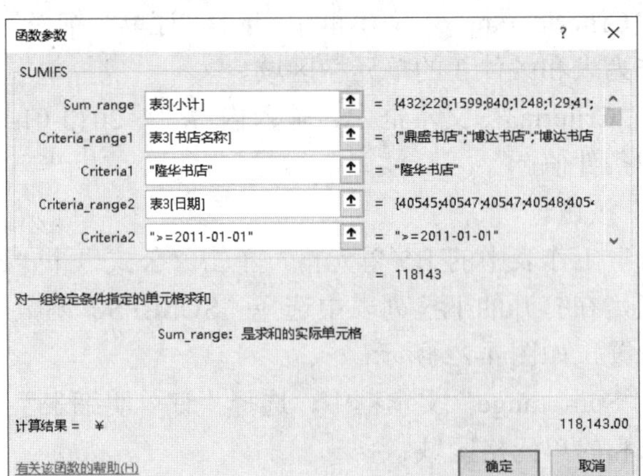

图 4-23 “函数参数”对话框（SUMIFS 函数）设置 3

① 将光标置于“Sum_range”文本框中，选择“订单明细表”工作表中的 H4:H637 单元格区域。设置求和的单元格区域。

② 将光标置于“Criteria_range1”文本框中，选择“订单明细表”工作表中的 C4:C637 单元格区域。设置作为求和条件 1 的单元格区域。

③ 将光标置于“Criteria1”文本框中，输入内容“"隆华书店"”。设置在条件 1 单元格区域中符合的条件值。

④ 将光标置于“Criteria_range2”文本框中，选择“订单明细表”工作表中的 B4:B637 单元格区域。设置作为求和条件 2 的单元格区域。

⑤ 将光标置于“Criteria2”文本框中，输入“">=2011-01-01"”。设置在条件 2 单元格区域中符合的条件值。

⑥ 将光标置于“Criteria_range3”文本框中，选择“订单明细表”工作表中的 B4:B637 单元格区域。设置作为求和条件 3 的单元格区域。

⑦ 将光标置于“Criteria3”文本框中，输入内容“"<2012-01-01"”。设置在条件 3 单元格区域中符合的条件值。

⑧ 单击“确定”按钮。

此时 B6 单元格求出的是隆华书店 2011 年的总销售额，若计算隆华书店 2011 年的每月平均销售额，则将光标置于 B6 单元格中，在 B6 编辑栏中公式内容的尾部补充内容“/12”，单击编辑栏中的“输入”按钮，完成 B6 单元格的公式编辑。

【例 4-5】 打开素材文件“产品销售表.xlsx”，如图 4-24 所示。以下操作要求均基于此文件。

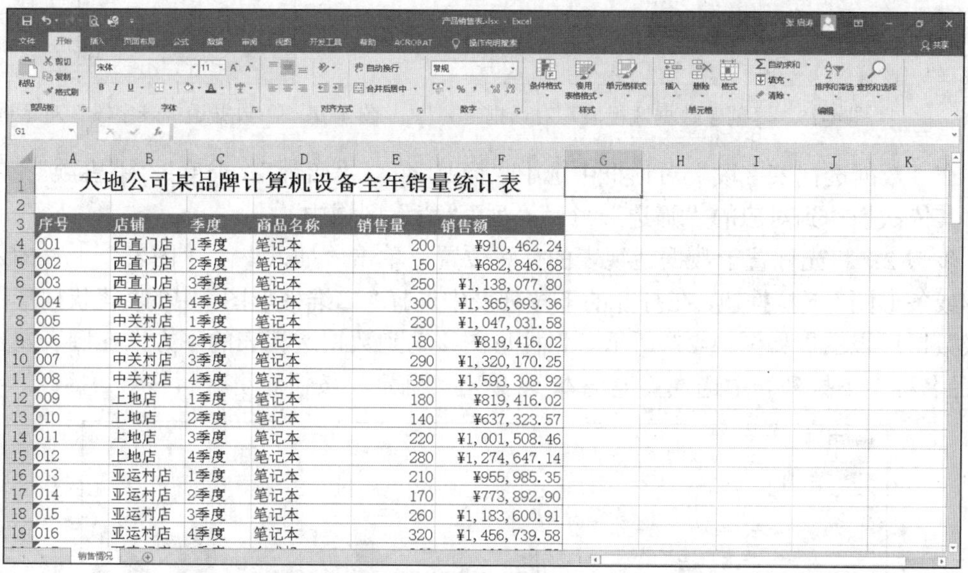

大地公司某品牌计算机设备全年销量统计表

序号	店铺	季度	商品名称	销售量	销售额
001	西直门店	1季度	笔记本	200	¥910,462.24
002	西直门店	2季度	笔记本	150	¥682,846.68
003	西直门店	3季度	笔记本	250	¥1,138,077.80
004	西直门店	4季度	笔记本	300	¥1,365,693.36
005	中关村店	1季度	笔记本	230	¥1,047,031.58
006	中关村店	2季度	笔记本	180	¥819,416.02
007	中关村店	3季度	笔记本	290	¥1,320,170.25
008	中关村店	4季度	笔记本	350	¥1,593,308.92
009	上地店	1季度	笔记本	180	¥819,416.02
010	上地店	2季度	笔记本	140	¥637,323.57
011	上地店	3季度	笔记本	220	¥1,001,508.46
012	上地店	4季度	笔记本	280	¥1,274,647.14
013	亚运村店	1季度	笔记本	210	¥955,985.35
014	亚运村店	2季度	笔记本	170	¥773,892.90
015	亚运村店	3季度	笔记本	260	¥1,183,600.91
016	亚运村店	4季度	笔记本	320	¥1,456,739.58

图 4-24　“产品销售表.xlsx”内容图

1）为“销售情况”工作表中的销售数据创建一个数据透视表，位置位于 H3 单元格，数据透视表反映“销售情况”工作表中各类商品各门店每个季度的销售额。其中，“商品名称”放在筛选区域，“店铺”放在行区域，“季度”放在列区域，并对“销售额”求和。最后对数据透视表进行格式设置，使其更加美观。

2）根据生成的数据透视表，在透视表下方创建一个簇状柱形图，图表中仅对各门店 4 个季度笔记本的销售额进行比较。

【操作步骤】

步骤 1：选中“销售情况”工作表中的 A3:F83 单元格，单击“插入”｜“图表”｜“数据透视图”按钮，在打开的列表中选择“数据透视图和数据透视表”命令，打开“创建数据透视表”对话框，如图 4-25 所示。

选中“选择放置数据透视表的位置”组中的“现有工作表”单选按钮，在“位置”文本框中输入“销售情况!$H$3”，单击“确定”按钮，打开“数据透视表字段”对话框，如图 4-26 所示。

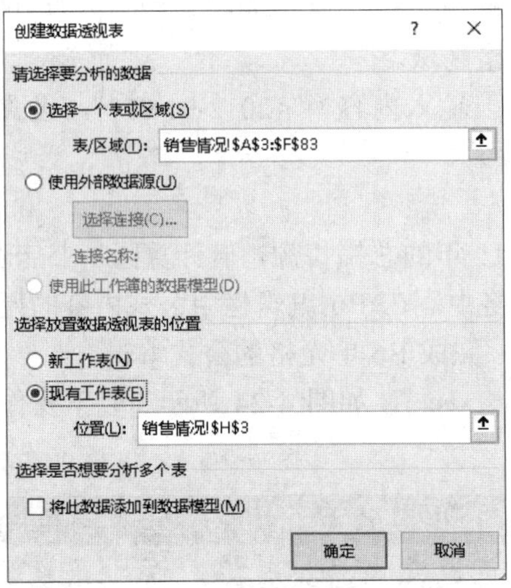

图 4-25 “创建数据透视表”对话框

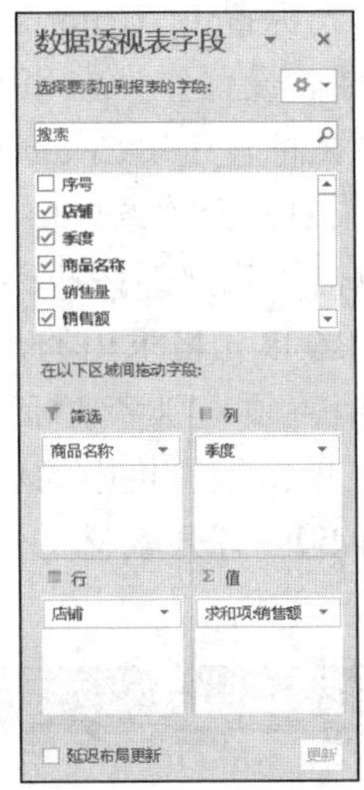

图 4-26 “数据透视表字段”对话框

在“数据透视表字段”对话框中选中“商品名称”“店铺”“季度”“销售额”字段，并将其依次拖动到对应的“筛选”“行”“列”“值”区域中。

步骤 2：将光标置于数据透视表的任意位置，单击“插入”｜“图表”｜“插入柱形图或条形图”下拉按钮，在打开的下拉列表中选择“二维柱形图”中的“簇状柱形图”，生成数据透视图，如图 4-27 所示。将柱形图移动到数据透视表的下方，在图表左上角“商品名称”下拉列表中选择“笔记本”，单击“确定”按钮。

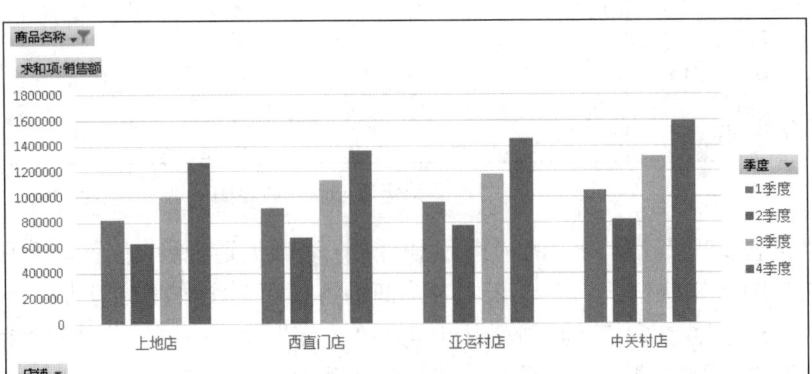

图 4-27 数据透视图

5. ChatExcel 人工智能办公辅助工具——辅助 Excel 实现基本操作

在浏览器地址栏内，输入网址 https://chatexcel.com，进入 ChatExcel 在线平台，如图 4-28 所示。

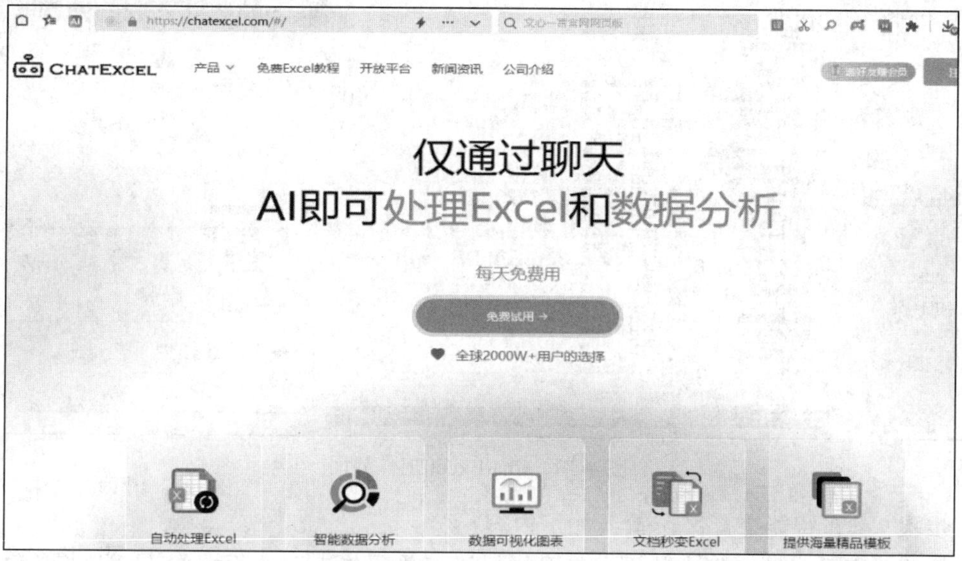

图 4-28　登录 ChatExcel 网站

单击“免费试用”按钮，打开 ChatExcel 工作界面，如图 4-29 所示。界面分为 5 个区域：侧栏、官方能力演示区、行业专题样例演示区、文件上传区和智能交互区。

图 4-29　ChatExcel 工作界面

【例 4-6】　按照“编号对照表”工作表中的图书编号，将素材文件“公式 2.xlsx”中的图书名称和单价两个字段补全。

【操作步骤】

步骤 1：单击文件上传区中的“点击此处或拖拽文件到此处上传文件”按钮，上传素材文件“公式 2.xlsx”，如图 4-30 所示。

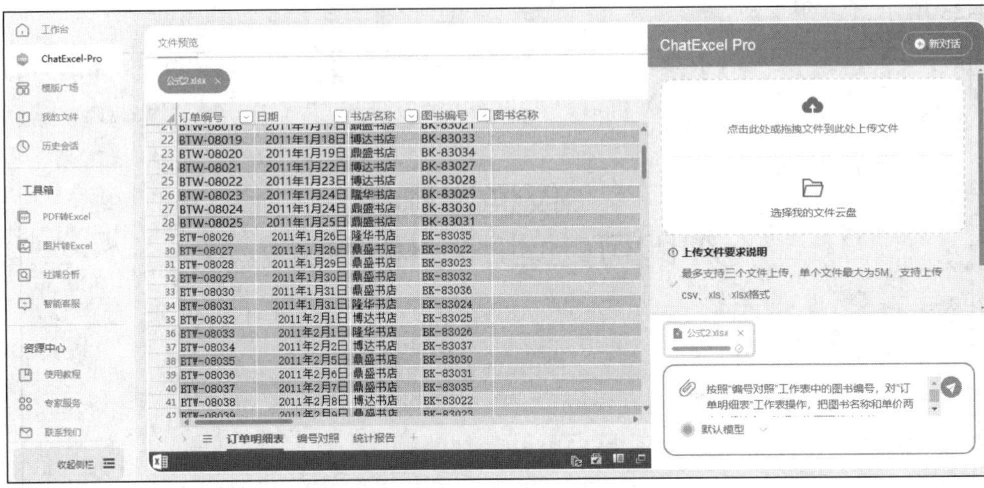

图 4-30　ChatExcel 工作界面

步骤 2：在智能交互区，输入如下内容：

按照“编号对照表”中的图书编号，对“订单明细表”进行操作，把图书名称和单价两个字段补全，并保存为可下载的表格。

单击“确定”按钮，AI 进入分析过程。分析完成后，在“分析结果”窗口输出，如图 4-31 所示是分析结果和处理后的两种格式文件：订单明细补全信息.xlsx 和订单明细补全信息.csv。

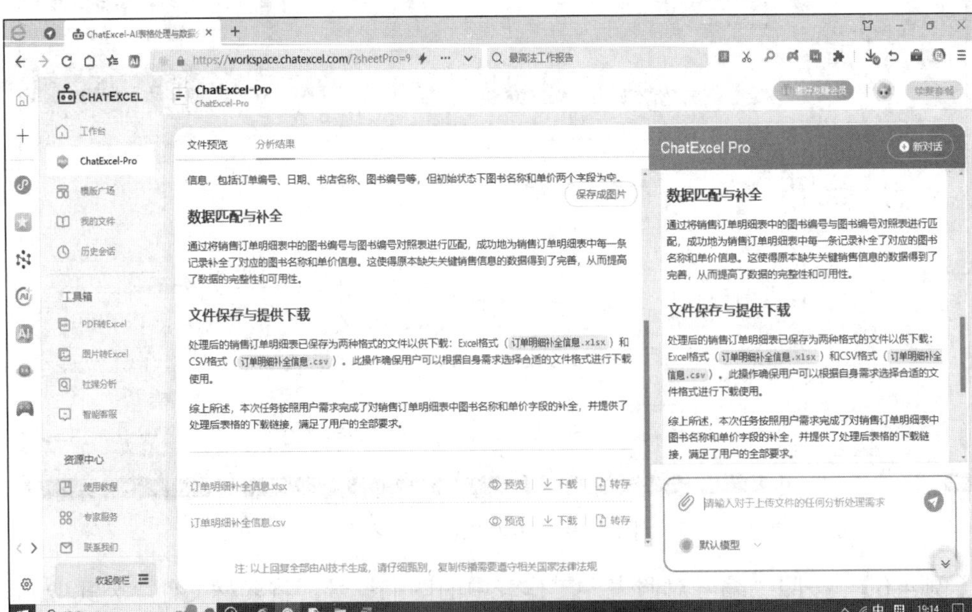

图 4-31　与 AI 交互后分析结果

注 意

由于 AI 问答结果是动态的，可能出现在步骤 2 回答时给出的结果表名与图 4-31 中的表名不一致的情况，不影响数据分析结果；也可能出现结果仅给出 csv 格式表但是没有给出 xlsx 格式表的情况。解决方法是继续追问 AI “输出 Excel 文件结果”。

步骤 3：保存结果，可以选择“下载”或“下载并打开”，在打开的“新建下载任务”对话框中，单击“浏览”按钮，选择保存位置，如图 4-32 所示。下载后打开“订单明细补全信息”表，如图 4-33 所示。

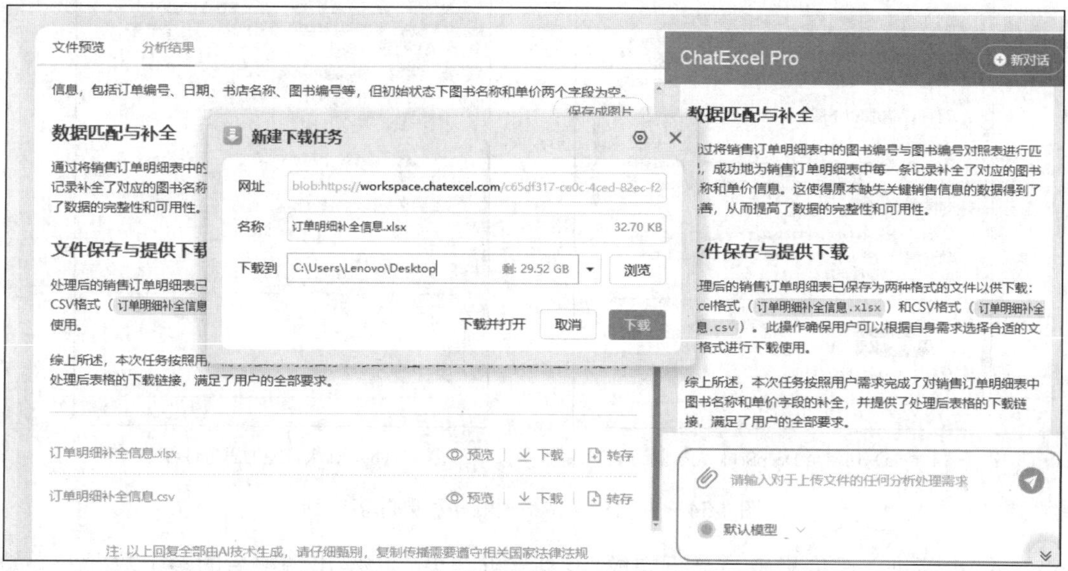

图 4-32　下载数据处理后结果表

	A	B	C	D	E	F	G	H	I	J
1	订单编号	日期	书店名称	图书编号	单价	销量（本）	小计	图书名称	单价	
2	BTW-08001	2011-01-0	鼎盛书店	BK-83021		12	0	《计算机基础及MS Office	36	
3	BTW-08002	2011-01-0	博达书店	BK-83033		5	0	《嵌入式系统开发技术》	44	
4	BTW-08003	2011-01-0	博达书店	BK-83034		41	0	《操作系统原理》	39	
5	BTW-08004	2011-01-0	博达书店	BK-83027		21	0	《MySQL数据库程序设计》	40	
6	BTW-08005	2011-01-0	鼎盛书店	BK-83028		32	0	《MS Office高级应用》	39	
7	BTW-08006	2011-01-0	鼎盛书店	BK-83029		3	0	《网络技术》	43	
8	BTW-08007	2011-01-0	博达书店	BK-83030		1	0	《数据库技术》	41	
9	BTW-08008	2011-01-1	鼎盛书店	BK-83031		3	0	《软件测试技术》	36	
10	BTW-08009	2011-01-1	博达书店	BK-83035		43	0	《计算机组成与接口》	40	
11	BTW-08010	2011-01-1	隆华书店	BK-83022		22	0	《计算机基础及Photoshop	34	
12	BTW-08011	2011-01-1	鼎盛书店	BK-83023		31	0	《C语言程序设计》	42	
13	BTW-08012	2011-01-1	隆华书店	BK-83032		19	0	《信息安全技术》	39	
14	BTW-08013	2011-01-1	鼎盛书店	BK-83036		43	0	《数据库原理》	37	
15	BTW-08014	2011-01-1	隆华书店	BK-83024		39	0	《VB语言程序设计》	38	
16	BTW-08015	2011-01-1	鼎盛书店	BK-83025		30	0	《Java语言程序设计》	39	
17	BTW-08016	2011-01-1	鼎盛书店	BK-83026		43	0	《Access数据库程序设计》	41	
18	BTW-08017	2011-01-1	鼎盛书店	BK-83037		40	0	《软件工程》	43	
19	BTW-08018	2011-01-1	鼎盛书店	BK-83021		44	0	《计算机基础及MS Office	36	
20	BTW-08019	2011-01-1	博达书店	BK-83033		33	0	《嵌入式系统开发技术》	44	
21	BTW-08020	2011-01-1	鼎盛书店	BK-83034		35	0	《操作系统原理》	39	
22	BTW-08021	2011-01-2	博达书店	BK-83027		22	0	《MySQL数据库程序设计》	40	
23	BTW-08022	2011-01-2	博达书店	BK-83028		38	0	《MS Office高级应用》	39	
24	BTW-08023	2011-01-2	隆华书店	BK-83029		5	0	《网络技术》	43	
25	BTW-08024	2011-01-2	鼎盛书店	BK-83030		32	0	《数据库技术》	41	
26	BTW-08025	2011-01-2	鼎盛书店	BK-83031		19	0	《软件测试技术》	36	

图 4-33　订单明细补全信息表

分析：观察“订单明细补全信息表”发现：表列顺序有误，且存在多余列。

步骤 4：在智能交互区输入如下内容：

修改“订单明细补全信息.xlsx 表”数据列，将 H 列和 I 列移动到 E 列之前，去掉多余的单价列，仅给出 Excel 表结果即可。

切换 AI 模式为 DeepSeek，如图 4-34（a）所示，单击“发送”按钮，AI 根据提问的思考过程如图 4-34（b）所示。

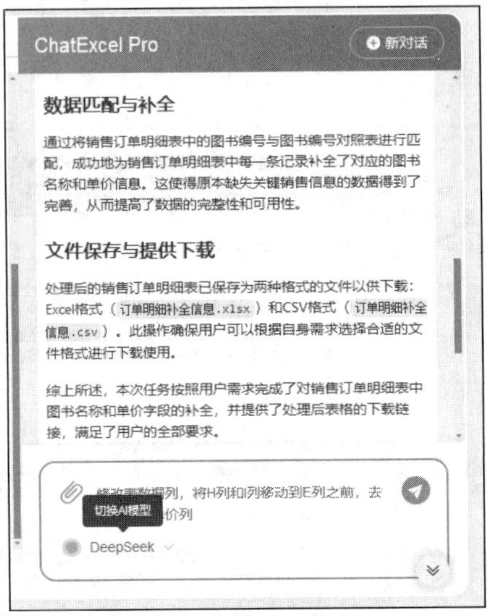

（a）切换至 DeepSeek 大模型

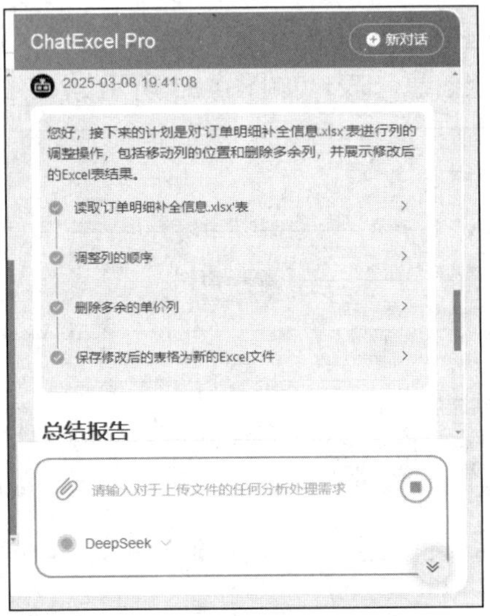

（b）AI 大模型的思考过程

图 4-34　智能交互调整列顺序和删除多余列

AI 重新进入深度思考，分析完成后，“分析结果”中给出调整后的多个数据表，如图 4-35 所示。

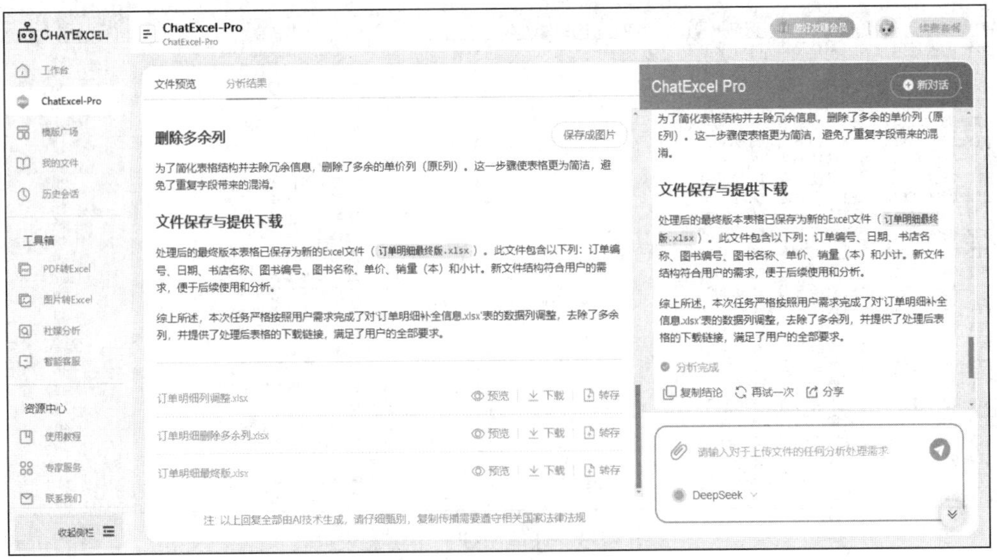

图 4-35　调整列顺序和删除多余列的分析结果

步骤 5：下载并打开“订单明细最终版.xlsx”，数据显示如图 4-36 所示。

订单编号	日期	书店名称	图书编号	图书名称	单价	销量（本）	小计
BTW-08001	2011-01-02	鼎盛书店	BK-83021	《计算机基础及MS Office应用》	36	12	0
BTW-08002	2011-01-04	博达书店	BK-83033	《嵌入式系统开发技术》	44	5	0
BTW-08003	2011-01-04	博达书店	BK-83034	《操作系统原理》	39	41	0
BTW-08004	2011-01-05	博达书店	BK-83027	《MySQL数据库程序设计》	40	21	0
BTW-08005	2011-01-06	鼎盛书店	BK-83028	《MS Office高级应用》	39	32	0
BTW-08006	2011-01-09	鼎盛书店	BK-83029	《网络技术》	43	3	0
BTW-08007	2011-01-09	博达书店	BK-83030	《数据库技术》	41	1	0
BTW-08008	2011-01-10	鼎盛书店	BK-83031	《软件测试技术》	36	3	0
BTW-08009	2011-01-10	博达书店	BK-83035	《计算机组成与接口》	40	43	0
BTW-08010	2011-01-11	隆华书店	BK-83022	《计算机基础及Photoshop应用》	34	22	0
BTW-08011	2011-01-11	鼎盛书店	BK-83023	《C语言程序设计》	42	31	0
BTW-08012	2011-01-12	隆华书店	BK-83032	《信息安全技术》	39	19	0
BTW-08013	2011-01-12	鼎盛书店	BK-83036	《数据库原理》	37	43	0
BTW-08014	2011-01-13	隆华书店	BK-83024	《VB语言程序设计》	38	39	0
BTW-08015	2011-01-15	鼎盛书店	BK-83025	《Java语言程序设计》	39	30	0
BTW-08016	2011-01-16	鼎盛书店	BK-83026	《Access数据库程序设计》	41	43	0
BTW-08017	2011-01-16	鼎盛书店	BK-83037	《软件工程》	43	40	0
BTW-08018	2011-01-17	鼎盛书店	BK-83021	《计算机基础及MS Office应用》	36	44	0
BTW-08019	2011-01-18	博达书店	BK-83033	《嵌入式系统开发技术》	44	33	0
BTW-08020	2011-01-19	鼎盛书店	BK-83034	《操作系统原理》	39	35	0

图 4-36　“图书名称”和“单价”两个字段补全后的结果数据表

【例 4-7】 计算“订单明细最终版.xlsx”文件中的“小计”字段值。

【操作步骤】

步骤 1：在智能交互区，输入如下内容：

计算“订单明细最终版.xlsx”中的“小计”字段的值，计算结果填写在原有“小计”列。

分析结果和 AI 思考过程，如图 4-37 所示。

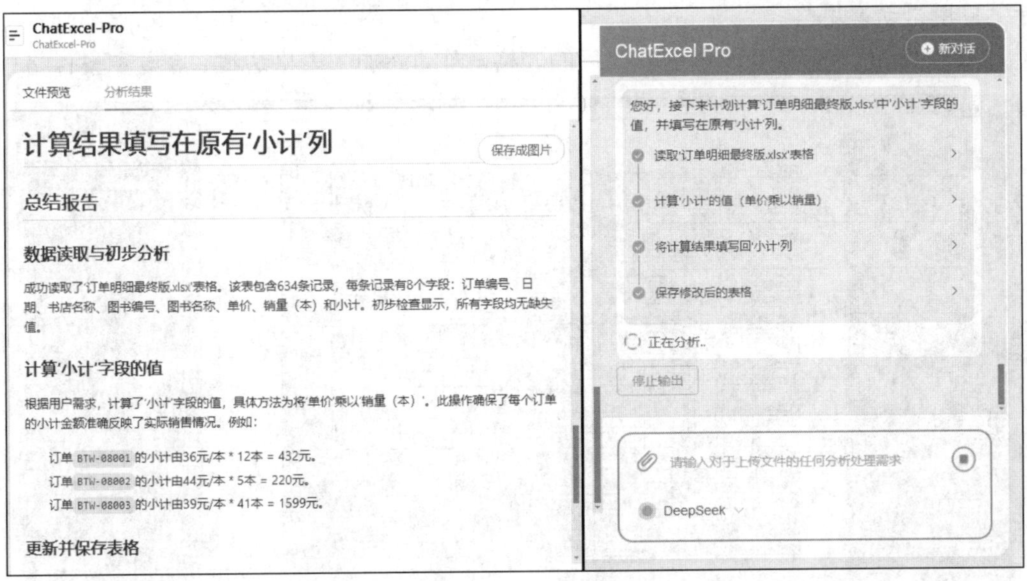

图 4-37　计算“小计”字段的分析结果

分析：在“分析结果”中，AI 会给出计算的依据和计算过程，以帮助用户了解 AI 是否准确理解了用户的意图，并正确地进行了计算。同例 4-6 中一样，在分析结果的最后，会给出最终 Excel 数据表以供下载后打开查看。但对于分析数据而言，用户可能更希望先查看结果再下载数据，因此 ChatExcel 提供了在线预览功能。

步骤 2：单击需要预览的 Excel 表后面的“预览”按钮，预览结果如图 4-38 所示。

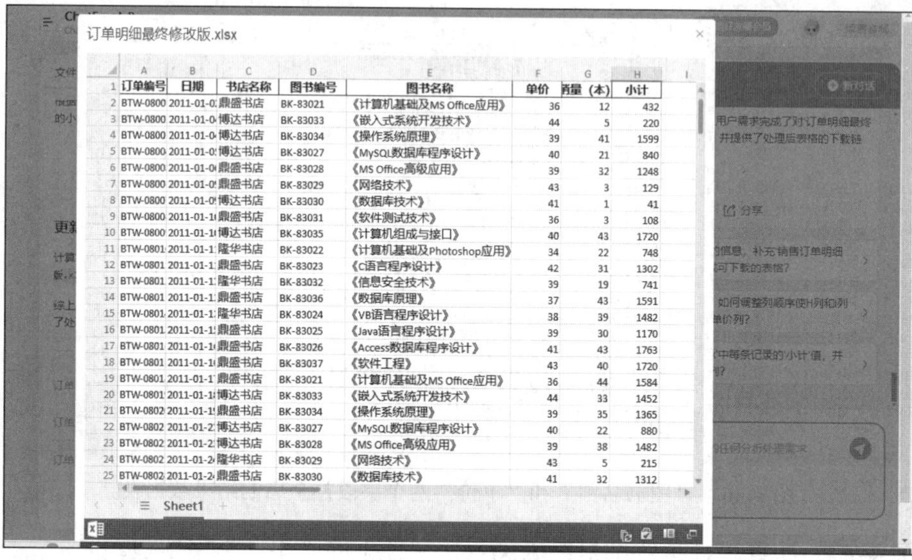

图 4-38 预览数据表

分析：在使用 ChatExcel 处理 Excel 数据的过程中，格式信息会被忽略，原本的套用格式、底纹、边框、列宽、字体等需要重新设置。

【例 4-8】 美化表格，应用自动套用格式。在智能交互区输入如下内容：

应用自动套用格式。

AI 会给出如图 4-39 所示的修改后的表格，自动添加了表格边线、底纹和条件格式。

图 4-39 应用自动套用格式后的数据表

【例 4-9】 利用“订单明细自动套用格式.xlsx”绘制条形图。

【操作步骤】

步骤 1：在智能交互区输入如下内容：

展示各个书店每个月图书的总销售量变化对比。

AI 分析结果如图 4-40 所示，单击“图表导出菜单” ≡ 按钮，根据需要打印或下载图表。

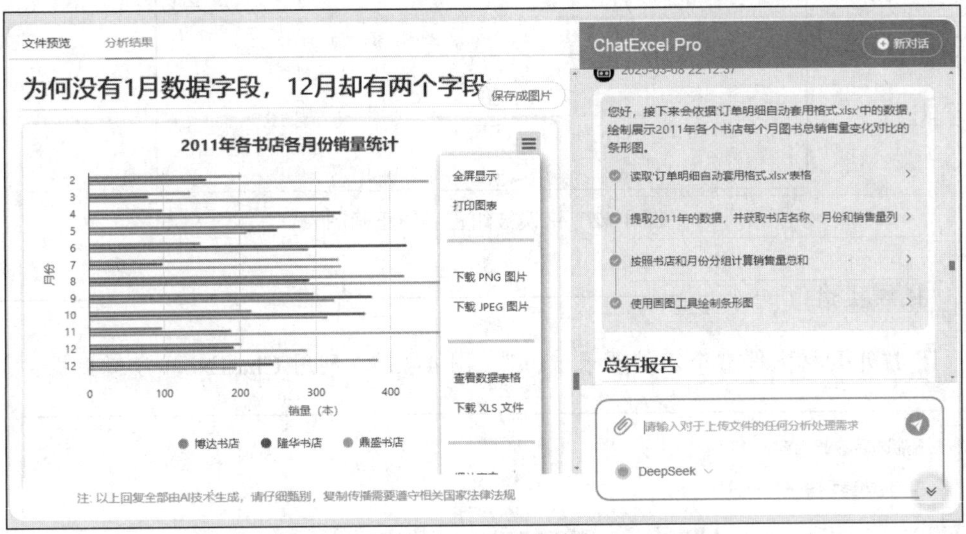

图 4-40　图表绘制分析结果

分析：分析结果中缺少 1 月份的销售量数据，并且 12 月份的数据出现了两次。

步骤 2：在智能交互区，输入如下内容：

为何没有 1 月数据字段，12 月却有两个字段。

AI 重新检测分析过程，并找到问题纠正错误，给出正确的分析结果，如图 4-41 所示。纠正错误后新生成的图表如图 4-42 所示。

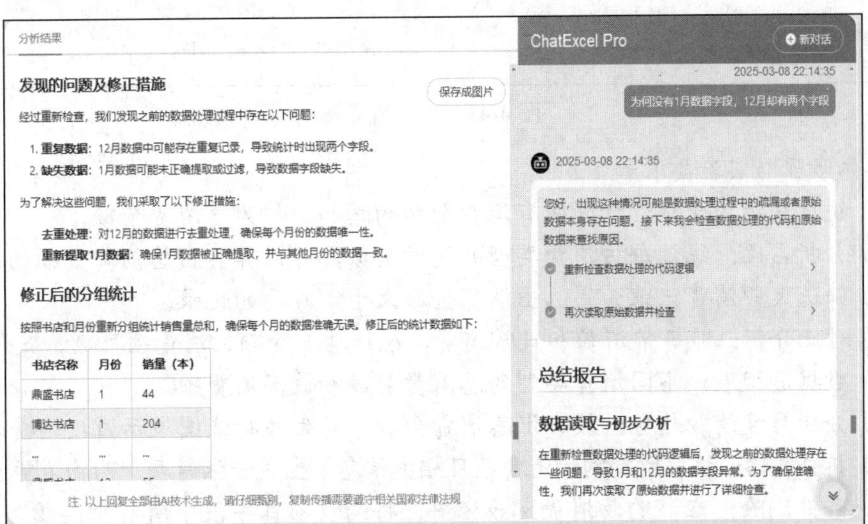

图 4-41　AI 检测问题的分析结果

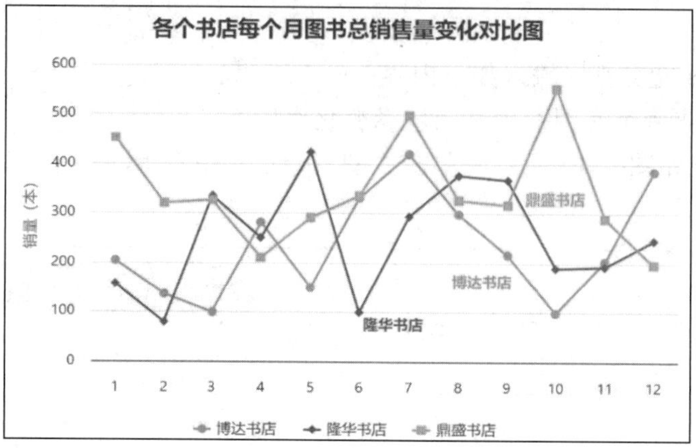

图 4-42　错误被纠正后的正确图表

拓展实验

1. 打开素材文件“个人消费表.xlsx”（图 4-43），利用 ChatExcel 分析数据。

筛选后数据内容

以下是筛选后的具体数据记录：

日期	消费项目	消费金额（元）
2025-03-03 00:00:00	购物（衣服）	150
2025-03-08 00:00:00	购物（杂货）	80
2025-03-08 00:00:00	购物（化妆品）	180
2025-03-15 00:00:00	购物（鞋子）	250
2025-03-20 00:00:00	购物（书籍）	60
2025-03-20 00:00:00	购物（配饰）	55
2025-03-21 00:00:00	购物（药店）	48
2025-03-30 00:00:00	购物（食品）	70
2025-03-30 00:00:00	购物（超市）	90

日期	消费项目	消费金额（元）
2025-03-03 00:00:00	衣服	150
2025-03-08 00:00:00	杂货	80
2025-03-08 00:00:00	化妆品	180
2025-03-15 00:00:00	鞋子	250
2025-03-20 00:00:00	书籍	60
2025-03-20 00:00:00	配饰	55
2025-03-21 00:00:00	药店	48
2025-03-30 00:00:00	食品	70
2025-03-30 00:00:00	超市	90

图 4-43　个人消费表

具体步骤与实验要求如下。

1）统计总消费金额：计算所有消费金额的总和，作为总消费金额。

2）分析占比：统计每种消费类型的消费金额，并计算其占总消费金额的比例。

3）筛选大额消费记录：筛选出消费金额大于 100 元的记录。

4）对比分析：非日常消费和日常消费，包括总消费额、消费项目数、支付方式。

5）数据透视表：不同消费类型的总消费金额和最高消费项。

6）分析月度消费趋势：按日汇总消费金额，并生成折线图展示月度消费趋势。

7）拆分表格：提取所有购物消费项目相关信息，生成一张新表“购物消费.xlsx”。

8）条件删除：在“购物消费.xlsx”中，将购物项目字段中所有“购物”字样和括号都去掉，只留下购物消费的具体项目。

9）购物习惯分析：绘制购物习惯图，并解释结果，图表类型为雷达图，如图 4-44 所示。

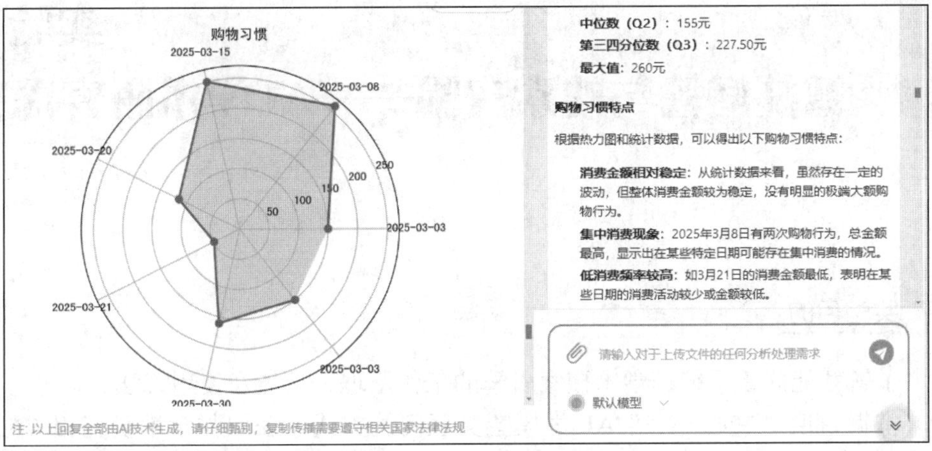

图 4-44　数据分析

2. 打开素材文件“生产车间工序调度表.xlsx”（图 4-45），利用 ChatExcel 分析数据。

工序号	工序名称	开始时间	结束时间	工时（小时	工人ID	设备ID	工序状态（完成/进行中/待开始）
1	切割	2025-3-1 8:00	2025-3-1 10:00	2	1	D01	完成
2	焊接	2025-3-1 10:30	2025-3-1 12:30	2	2	D02	完成
3	打磨	2025-3-1 13:00	2025-3-1 14:00	1	3	D03	进行中
4	喷漆	2025-3-1 14:30	2025-3-1 16:30	2	4	D04	待开始
5	组装	2025-3-2 8:00	2025-3-2 10:00	2	1	D02	待开始
6	测试	2025-3-2 10:30	2025-3-2 12:00	1.5	5	D05	待开始
7	包装	2025-3-2 13:00	2025-3-2 14:00	1	6	D06	完成
8	质检	2025-3-2 14:30	2025-3-2 16:00	1.5	7	D07	完成
9	清洗	2025-3-3 8:00	2025-3-3 9:00	1	8	D01	进行中
10	预热	2025-3-3 9:30	2025-3-3 10:30	1	1	D08	待开始
11	加工	2025-3-3 11:00	2025-3-3 13:00	2	9	D02	待开始
12	检测	2025-3-3 13:30	2025-3-3 14:30	1	10	D09	待开始
13	调试	2025-3-3 15:00	2025-3-3 17:00	2	5	D10	完成
14	装配	2025-3-4 8:00	2025-3-4 10:00	2	2	D03	进行中
15	校验	2025-3-4 10:30	2025-3-4 11:30	1	3	D11	完成
16	打磨（复）	2025-3-4 12:00	2025-3-4 13:00	1	4	D03	待开始
17	喷涂	2025-3-4 13:30	2025-3-4 15:30	2	6	D04	待开始
18	组装（复）	2025-3-4 16:00	2025-3-4 18:00	2	7	D02	进行中
19	测试（复）	2025-3-5 8:00	2025-3-5 9:30	1.5	8	D05	完成
20	包装（复）	2025-3-5 10:00	2025-3-5 11:00	1	9	D06	完成

图 4-45　生产车间工序调度表

具体步骤与实验要求如下。

1）删除错误信息：删除表中最后两行数据。

2）分布分析：按工人标识（identification，ID）分析工时分布。

3）分类汇总：汇总各工序状态下需要返工的不合格工序任务数量。在生产或制造过程中，有时某个工序可能因为质量检查不合格或者初次执行未达到预期标准等原因，需要重新执行。这样的工序用“(复)”进行标记。

4）筛选分析：筛选开始日期“2025-3-4”下的工序执行情况和工时消耗。

5）设备利用率分析：计算每个设备的总工时，依据每天 8 小时的工作时间计算工时利用率，并绘制图表进行可视化展示。

6）评估：分析工序状态（完成、进行中、待开始）对工时的影响，评估生产进度。

实验 5
智能问答与搜索实验——AI 学术研究探究

实验目的

1）了解智能问答系统和学术搜索引擎的工作原理、功能及使用方法。

2）掌握百度“文心一言”AI 大模型交互问答方式，获取与学术研究相关的专业信息。

3）掌握运用“知网研学”进行文献搜索，分析学术问题的核心问题、关键技术、前沿科技趋向等。

4）培养 AI 学术研究探究过程中的信息筛选能力与批判性思维。

实验内容

1. 交互问答类 AI 大模型

交互问答类 AI 大模型，通常指的是具备大规模数据处理能力和强大数据泛化能力的深度学习模型，它们能够通过自然语言处理技术，理解用户的问题，并从海量的数据中检索、推理或生成答案。

（1）交互问答类 AI 大模型的主要特点

1）大规模预训练。交互问答类 AI 大模型通常在大规模数据集上进行预训练，掌握广泛的知识和语言模式。

2）强泛化能力。通过预训练，模型能够在不同的任务和数据集上展现出良好的泛化性能。

3）多轮对话能力。支持多轮对话交互，能够根据用户的反馈和上下文信息，生成更加准确和连贯的回答。

4）自然语言生成。能够生成自然、流畅的语言，使得对话过程更加自然和人性化。

（2）技术原理

交互问答类 AI 大模型的技术原理主要涉及自然语言处理、知识表示与推理、深度学习等多个领域。具体来说，它们通常包括以下几个关键组件。

1）自然语言理解模块。负责解析用户的问题，提取其中的关键信息，如实体、关系、意图等。

2）知识检索与推理模块。根据自然语言理解模块的结果，从知识库或数据集中检索相关的信息，并进行推理和判断。

3）答案生成模块。将检索到的信息和推理结果整合成自然语言形式的答案，返回给用户。

（3）常用的交互问答类 AI 大模型及其优势

1）ChatGPT（OpenAI 旗舰语言模型）。

文本生成与逻辑推演：能生成长文本，进行多轮逻辑推演，可高效构建文献综述、润色论文，包括学术术语规范化，能推导研究假设，提升学术研究的逻辑性和严谨性。

跨学科知识融合：知识库覆盖 120 多个学科，支持 40 种语言互译，有助于人文社科与自然科学领域的写作，促进跨学科研究和知识整合。

2）文心一言（中文增强型 AI 助手）。

中文语义理解与创意生成：深度理解语义，包括古汉语解析，擅长中文创意生成，如广告语、诗歌、公文等，适用于汉语言文学、社会学等涉及中文语料分析的学科。

学术文献处理与可视化：支持中英混合文本处理，能自动提取学术文献核心观点并生成可视化知识图谱，帮助研究人员快速把握文献关键信息和知识脉络。

3）通义千问（开发者智能编程引擎）。

编程辅助与代码优化：集成代码语法树分析与 API 文档库，提供实时编程辅助，支持多种编程语言的代码生成与纠错，能进行项目级审查，检测代码缺陷，提高编程效率和代码质量。

跨学科应用支持：通过自然语言指令，可实现 Matlab 数学建模、LaTeX 公式自动化排版等跨学科应用，满足不同学科研究中的编程和文档处理需求。

4）DeepSeek（科研级代码解决方案）。

代码工程能力：在代码工程方面，提供高准确率的智能补全、跨语言转译且保留高逻辑一致性、复杂度优化及时间复杂度可视化分析，助力科研人员高效开发和优化代码。

学术推理支持：支持数学证明推导，可输出 LaTeX 公式，还能自动生成 SPSS/Python 分析脚本处理实验数据，为科研中的数学和数据处理提供有力支持。

5）智谱清言（计算机教育垂直工具）。

具有编程教学辅助的优势：聚焦编程教学全流程，提供教学辅助，如分解数据结构实现步骤、动态追踪代码执行过程，帮助教师更好地开展编程教学，学生也能更深入地学习编程知识和技巧。

6）讯飞星火（认知大模型）。

具有科研助手的功能：提供成果调研、论文研读、学术写作等核心功能。成果调研可快速呈现相关文献并支持多轮对话和全局综述；论文研读能提取论文核心内容、提供智能摘要与关键术语解释，并支持多文档对比和问答；学术写作包含学术翻译、英文润色、全文审校及论文预审等服务，提升论文写作效率与规范性。

2. 学术搜索引擎

学术搜索引擎是专门用于搜索学术资源（如学术论文、期刊、会议论文等）的搜索引擎。帮助研究人员快速找到与研究主题相关的学术资源，提高研究效率。

（1）工作原理

1）信息抓取与索引。学术搜索引擎使用网络爬虫程序自动抓取互联网上的学术资源，并将其存储在数据库中。同时，对抓取到的信息进行索引，以便快速检索。

2）用户查询处理。当用户输入查询关键词时，学术搜索引擎会在索引数据库中查找与关键词匹配的学术资源。

3）结果排序与呈现。根据一定的算法（如相关性算法、时间排序算法等）对搜索结果进行排序，并将排序后的结果呈现给用户。

（2）常见学术搜索引擎

1）Google Scholar。提供广泛的学术资源覆盖，包括学术论文、书籍、专利等。

2）百度学术。提供中文学术资源的搜索服务，支持论文、期刊、会议论文等多种类型资源的搜索。

3）CNKI（中国知网）。国内知名的学术资源数据库，提供学术论文、期刊、学位论文等资源的搜索和下载服务。

3. 提出感兴趣的话题

你作为一名大学生，对世界充满好奇，对未知领域怀有强烈的探索欲望。这种探索精神，不仅让你不断拓宽知识的边界，更成为驱动你成长与进步的强大动力。在求知的道路上，积极尝试、勇于创新，努力在各个领域中寻找属于自己的精彩，为未来的发展奠定坚实的基础。AI 工具可以为大学生提供多方面的支持，这些支持涵盖了学习、生活、职业发展等多个领域。具体来说，AI 工具可以帮助大学生解决以下问题。

（1）学习辅助

- 帮助大学生高效获取所需知识。
- 帮助大学生进行笔记整理与知识提炼。
- 帮助大学生弄清楚如何分析领域研究方向并撰写论文。
- 帮助大学生做英文翻译。
- 帮助大学生撰写社会调研报告或市场分析报告。
- 创意写作、图像生成、音乐创作。

（2）生活便捷

- 时间管理与日程安排。
- 帮助大学生优选出行方案。
- 帮助大学生进行资金管理。
- 帮助大学生进行健康饮食调整、形象管理、运动规划。
- 帮助大学生通过生活的现象发现可以研究的问题。
- 帮助大学生购买手机。

（3）职业发展

- 简历、求职、面试技巧等方面的辅导。
- 进行职业性格测评、兴趣倾向分析、提供职业规划建议。
- 心理状态监测与干预。

4. 案例

【例 5-1】 你作为一名大学生，希望通过向 AI 大模型咨询“如何更好地提问，AI 才能准确理解我的意图。”来提升自己与 AI 大模型的交互能力。

【操作步骤】

步骤 1：进入“文心一言”软件操作主界面，如图 5-1 所示。

图 5-1　“文心一言”主界面

步骤 2：向 AI 提问，需要先弄清楚 AI 大模型能理解的高效交互提问方式，你才可以更轻松地与它进行交互，并获得更准确、有用的信息。

【你的问题】

请问我应该如何向你提问，你才能准确理解我的意图？

【文心一言的回答】

为了让我准确理解你的意图，提问时你可以遵循以下几个建议。

1. 明确问题核心

直接了当地提出你的主要问题或疑惑。避免在问题中掺杂过多不相关的信息或细节，以免混淆主题。

2. 使用简洁明了的语言

尽量用简单、清晰的词汇和句子结构来表达你的问题。避免使用过于复杂或专业的术语，除非你确定我能理解这些术语。

3. 提供必要的背景信息

如果你的问题涉及特定的情境或背景，请简要描述这些相关信息。这有助于我更好地理解你的问题，并给出更准确的回答。

4. 指定期望的回答类型

如果你对回答的形式有特定要求，请在问题中明确指出（如简短的答案、详细的解释、步骤指南等）。这有助于我按照你的期望来组织回答。

5. 检查问题的清晰性和准确性

在提交问题之前，仔细审查一遍，确保问题表述清晰、无歧义。如果可能的话，可以请别人帮忙审阅你的问题，以确保其准确性。

6. 使用适当的提问格式

根据问题的性质，选择合适的提问格式（如选择题、填空题、开放式问题等）。这有助于我更好地理解你的问题，并给出更贴切的回答。

7. 保持礼貌和尊重

在提问时，请使用礼貌的语言，表达你对我的回答的期待和感谢。这有助于建立积极的沟通氛围，提高回答的质量和效率。

例如，一个清晰、明确的问题可能是："我在撰写关于人工智能在医疗领域应用的论文时，如何有效地组织文献综述部分？"这个问题直接指出了你的需求（撰写论文的文献综述部分），并提供了足够的背景信息（关于人工智能在医疗领域的应用）。

可以看出，针对这个问题，文心一言给出了完备而恰当的回答，而且在最后给出的举例非常适于学习新的知识。你希望得到更多例子去理解这些建议。

步骤 3：恰当引入上下文信息，向 AI 继续追问对上文不理解的内容，获得更多的举例和解释。

【你的问题】

你能对上面的每个建议都举个例子吗，简单易懂。

【文心一言的回答】

当然可以，以下是为每个建议提供的简单易懂的例子。

1. 明确问题核心

例子："我怎样才能提高英语口语水平？"

解释：这个问题直接提出了主要疑惑，即如何提高英语口语水平。没有掺杂其他无关信息。

2. 提供必要背景

例子："我最近开始学吉他，但是和弦转换总是很慢，有什么练习方法可以提高吗？"

解释：这个问题提供了背景信息（最近开始学吉他），使我能够理解问题的具体情境和需求。

3. 使用清晰的语言

例子："这个软件的安装步骤是什么？"

解释：问题使用了简单、明了的词汇和句子结构，没有使用过于复杂或专业的术语，使得问题易于理解。

4. 具体化问题

例子："我在 Word 文档中想要设置页眉为'公司报告'，并且页眉要居中显示，怎么做？"

解释：这个问题具体化了需求（设置页眉为"公司报告"，并且居中显示），使我能够给出针对性的回答。

5. 检查问题表述

例子："我想了解如何在家做瑜伽，有没有适合初学者的视频教程推荐？"

解释：这个问题表述清晰、准确，没有歧义或容易让人误解的地方。

6. 提供反馈机会

例子："你给我的那道数学题的解法我看不太懂，请详细解释一下第二步。"

解释：这个问题在提出时，已经明确说明了对于之前回答的不满意，并指出了需要更多信息的具体方面（第二步的详细解释）。

7. 考虑问题的逻辑性和连贯性

例子："我先安装了 Python，然后想学习如何用它来爬取网页数据，你能推荐一些入门教程吗？"

解释：这个问题在逻辑上是连贯的，先说明安装了 Python，然后提出了想学习如何爬取网页数据的需求，使我能够理解问题的整体逻辑和顺序。

通过举例可以更清晰地理解每一条建议的具体应用方法。虽然已经获得了诸多宝贵建议，但建议不等于实践，你急需通过尝试提出问题来确定自己是否真正掌握了有效的提问方式。

步骤4：尝试提出一个问题，检验自己的提问方式是否可以得到期待的答案。

【你的问题】

我想要写一篇论文，你能给我提供哪些帮助？

【文心一言的回答】

当然可以，撰写论文是一个系统而细致的过程，涉及多个步骤和技巧。

以下是我能为你提供的帮助，按论文撰写的各个阶段来划分。

1. 选题阶段

确定研究兴趣：帮助你明确自己的研究兴趣或领域，如是科学技术、人文社科、经济管理等。

文献调研：建议通过数据库（如 CNKI、PubMed、Google Scholar）查找相关领域的文献，了解当前研究热点和空白点。

选题可行性分析：考虑选题的现实意义、理论价值、研究条件（如数据获取、实验设备）及个人能力匹配度。

2. 资料收集与整理

文献筛选：教你如何高效筛选文献，提取关键信息，如研究目的、方法、结果、结论。

数据收集：根据选题，提供数据收集的方法建议，如问卷调查、实验设计、公开数据集利用等。

笔记与标注：建议使用文献管理软件（如 EndNote、Zotero）整理文献，并做好阅读笔记，方便后续引用和分析。

3. 论文框架构建

引言部分：指导如何撰写引人入胜的引言，包括背景介绍、研究问题提出、研究意义阐述。

文献综述：教授如何系统地综述前人研究成果，指出研究空白或争议点，为自己的研究定位。

方法论：帮助设计研究方案，包括研究设计（实验、调查、案例分析等）、数据收集与分析方法。

结果展示：提供图表制作、数据分析结果呈现的技巧，确保结果清晰、准确。

讨论与分析：指导如何深入讨论研究结果，解释发现的意义，与现有文献对比，提出可能的原因或机制。

结论与建议：帮助总结研究发现，提出实践或理论意义，以及未来研究方向。

4. 写作与修订

写作风格与规范：提供学术写作的基本规范，如语言正式性、逻辑清晰性、客观性保持等。

引用与参考文献：讲解正确的引用格式（如 APA、MLA、Chicago 风格），确保学术诚信。

修订与润色：建议多次审阅稿件，检查语法错误、逻辑漏洞、数据准确性，可以寻求同行或导师的反馈。

5. 提交与发表

期刊选择：根据你的研究领域和论文质量，推荐合适的期刊或会议。

投稿指南：提供投稿流程指南，包括投稿系统使用、cover letter 撰写、同行评审应对等。

发表后推广：建议如何分享你的研究成果，如通过社交媒体、学术会议、学术博客等方式。

在探索过程中，你发现明确的提问能有效引导出理想回答，但有时你的思路可能并不清晰，需要通过多次逐层递进的问答交互，让 AI 引领你找到正确的方向。因此，在交互问答中，应重视反馈式提问。

步骤 5：完成反馈式提问的过程，让 AI 分析你的提问，并给出优化建议。

【你的问题】

我刚才的提问是否符合高效提问，我应该怎么提问获得更准确的回答？

【文心一言的回答】

你刚才的提问（即关于写论文需要帮助）其实已经是一个相对明确和高效的问题了，因为它直接表达了你的需求——希望获得撰写论文方面的帮助。不过，如果你想要获得更具体、更准确的回答，你可以尝试将问题进一步细化和具体化。

以下是一些建议，帮助你提出更高效、更能获得准确回答的问题。

1. 明确具体环节

指出你在论文撰写过程中的具体哪个环节遇到了困难或需要帮助，如“我在撰写论文的引言部分时，不知道如何有效地引出研究问题，你能给我一些建议吗？”

2. 提供背景信息

简要说明你的论文主题、研究领域或已经完成的部分，这样回答者能更好地理解你的需求和背景，给出更贴切的建议。

3. 明确期望答案类型

说明你希望获得的答案类型，是具体的写作技巧、结构框架、还是资源推荐等。

4. 使用清晰、简洁的语言

确保问题表述清晰、简洁，避免使用过于复杂或模糊的词汇，使回答者能够迅速理解你的意图。

结合这些建议，你的提问可以修改为："我正在撰写一篇关于[具体研究领域]的论文，目前在引言部分的撰写上遇到了困难，不知道如何有效地引出研究问题并阐述研究意义。你能给我一些具体的写作技巧和结构框架建议吗？另外，有没有相关的资源或课程可以推荐？"

在初步掌握问答技巧之后，你可以开始自己感兴趣的科学研究了，并在具体的研究过程中，深入理解交互的正确方式，同时尝试新的数据交互处理方法。

【例 5-2】 对你感兴趣的学术问题进行选题探究。

【操作步骤】

步骤 1：选题步骤探究（此处可以根据自己专业进行探索式 AI 问答，便于说明实验过程，假设你是一名商科专业的学生）。

【你的问题】

我是一名商科专业的学生，想要进行论文选题，第一步应该怎么做？

【文心一言的回答】

作为一名商科专业的学生，进行论文选题是撰写学术论文过程中的关键一步。以下是一些建议，帮助你开始这个过程。

1. 明确兴趣领域

首先，思考你对商科的哪个具体领域最感兴趣，是市场营销、财务管理、人力资源管理、战略管理、国际商务，还是其他某个细分领域。你的兴趣将是你研究过程中的动力源泉，因此选择一个你真正关心的主题至关重要。

2. 浏览文献和资讯

开始阅读相关领域的学术文献、行业报告、新闻文章和博客等，以了解当前的研究热点、趋势和未解决的问题。这不仅能帮助你拓宽视野，还能为你提供选题的灵感。

3. 确定研究目的和问题

思考你想要通过论文解决什么具体问题或探讨什么主题。你的研究目的应该明确、具体，并且具有实际意义。

4. 考虑可行性和资源

评估你选定的主题是否可行，考虑你是否能够获得所需的数据、资料和时间来完成研究。思考你是否需要特定的技能或工具，以及你是否能够获取这些技能或工具。

5. 与导师或同行交流

与你的导师或商科领域的专家交流，听取他们的意见和建议。他们可能能为你提供新的视角，或者帮助你识别潜在的研究障碍。

6. 制订初步计划

在确定了选题后，制订一个初步的研究计划，包括研究目标、方法、预期结果和时间表。这将有助于你保持组织性，并确保你的研究按计划进行。

步骤 2：明确兴趣领域（此处可以根据自己的兴趣进行探索式 AI 问答）。

从自身生活中发现商机，你平时网络购物比较多，而且经常使用抖音、小红书、拼多多等新媒体平台。你可能会想，关于新媒体研究的想法是否适合你作为商科专业学生的研究方向。

【你的问题】

“新媒体时代的机遇和挑战”的选题适于哪些专业的学生？

【文心一言的回答】

1. 新闻传播学

理由：新闻传播学是研究新闻传播活动、新闻事业及新闻传播工作规律的科学。新媒体作为新闻传播的重要载体，其变革对新闻传播事业产生了深远影响。新闻传播学专业的学生可以从新闻生产、传播渠道、受众行为等多个角度，深入分析新媒体时代变革带来的机遇和挑战。

2. 广告学

理由：广告学是研究广告活动的历史、理论、策略、制作与经营管理的科学。新媒体为广告行业提供了新的传播平台和营销手段。广告学专业的学生可以探讨新媒体时代广告策略的创新、广告效果的评估以及广告伦理等问题。

3. 市场营销

理由：市场营销是研究企业如何通过满足消费者需求来实现盈利的科学。新媒体时代，企业的营销环境发生了巨大变化，市场营销专业的学生可以研究新媒体在品牌建设、市场推广、消费者行为分析等方面的应用，以及新媒体营销面临的挑战和机遇。

4. 数字媒体技术

理由：数字媒体技术是研究数字媒体创作、制作、传播和管理的科学。新媒体的发展离不开数字技术的支持。数字媒体技术专业的学生可以从技术层面探讨新媒体的创新应用、发展趋势以及技术瓶颈等问题。

5. 社会学

理由：社会学是研究社会现象、社会问题和社会发展的科学。新媒体时代，社会结构和人际关系发生了深刻变化。社会学专业的学生可以研究新媒体对社会交往、信息传播、舆论形成等方面的影响，以及新媒体时代社会问题的新特点和新挑战。

6. 信息管理与信息系统

理由：信息管理与信息系统是研究信息资源的组织、开发、利用和管理的科学。新媒体时代，信息资源的数量和质量都发生了巨大变化。信息管理与信息系统专业的学生可以研究新媒体环境下信息资源的整合、共享和利用问题，信息安全和隐私保护等挑战。

7. 政治学

理由：政治学是研究政治现象、政治关系和政治发展规律的科学。新媒体时代，政治传播和公众参与的方式发生了深刻变化。政治学专业的学生可以研究新媒体对政治决策、政治沟通、政治动员等方面的影响，以及新媒体时代政治稳定和政治安全的新挑战。

8. 教育学

理由：教育学是研究教育现象、教育问题和教育规律的科学。新媒体时代，教育方式和教育资源的获取途径发生了巨大变化。教育学专业的学生可以研究新媒体在教育领域的应用，如在线教育、混合式学习等，以及新媒体时代教育公平和教育质量的新挑战。

从 AI 的回答中可以看出，新媒体是一个跨学科的研究领域，其兴趣点可以吸引多个学科的研究关注，每个学科在新媒体研究中的侧重点各具特色。你希望获得更多关于新媒体在商科研究上的信息。

【你的问题】

作为一名商科类大学生，请列出 10 个基于新媒体的机遇与挑战的研究方向。

【文心一言的回答】

1. 机遇方面

（1）新媒体商业模式创新

研究内容：探索新媒体环境下新的商业模式，如内容付费、社交电商、直播带货等，分析这些模式的盈利机制、用户接受度及市场潜力。

意义：为新媒体平台的可持续发展提供商业策略支持，帮助企业抓住新媒体时代的商业机遇。

（2）新媒体营销与品牌建设

研究内容：研究新媒体营销的策略、技巧及效果评估，包括社交媒体营销、内容营销、KOL 合作等，以及新媒体对品牌建设的影响。

意义：为企业提供新媒体营销的实践指导，帮助企业提升品牌知名度和市场竞争力。

（3）新媒体与跨境电商

研究内容：分析新媒体在跨境电商中的应用，如社交媒体推广、短视频营销等，探讨新媒体如何促进国际贸易的发展。

意义：为跨境电商企业提供营销策略和市场拓展的建议，推动国际贸易的便利化。

（4）新媒体与消费者行为研究

研究内容：研究新媒体环境下消费者的信息获取习惯、购买决策过程及忠诚度变化，为企业提供精准营销的依据。

意义：帮助企业更好地了解消费者需求，优化产品和服务，提升客户满意度。

（5）新媒体与创业机会

研究内容：分析新媒体为创业者提供的新机遇，如自媒体创业、短视频创业等，探讨创业成功的关键因素。

意义：为有志于新媒体创业的商科学生提供指导和启示，激发创业热情和创新思维。

2. 挑战方面

（1）新媒体内容同质化与原创性挑战

研究内容：分析新媒体内容同质化的现象、原因及影响，探讨如何提升新媒体内容的原创性和差异性。

意义：为新媒体平台提供内容创新策略，帮助平台吸引和留住用户。

（2）新媒体数据隐私与安全挑战

研究内容：研究新媒体环境下用户数据隐私的保护问题，以及数据泄露、滥用等安全风险，提出相应的防范措施。

意义：保障用户数据隐私安全，维护新媒体平台的信誉和用户信任。

（3）新媒体虚假信息与谣言传播挑战

研究内容：分析新媒体虚假信息与谣言的传播机制、危害及防控策略，探讨如何提升公众的媒介素养和辨别能力。

意义：减少虚假信息和谣言的传播，维护社会稳定和公众利益。

（4）新媒体版权保护与侵权挑战

研究内容：研究新媒体环境下版权的保护问题，以及版权侵权现象、原因及法律后果，提出版权保护的建议。

意义：保护原创作者的合法权益，促进新媒体内容的健康发展。

（5）新媒体广告效果评估与优化挑战

研究内容：探讨新媒体广告的效果评估方法，分析广告投入与产出的关系，提出广告优化的策略。

意义：帮助企业提高广告投放效率，实现精准营销和收益最大化。

这些研究方向既涵盖了新媒体带来的商业机遇，也涉及了面临的挑战和问题，为商科类大学生提供了丰富的研究课题和实践机会。

AI 给出了多个研究方向，每个方向都具有一定的研究意义，如何选择？这些研究中哪个是最具研究价值的方向呢？

【你的问题】

以上哪个方向最具研究价值，是商科的前沿研究方向？

【文心一言的回答】

在商科前沿研究的范畴内，综合考虑新媒体领域的发展趋势、市场需求以及商科研究的独特性，新媒体与跨境电商这一方向最具研究价值，且属于商科前沿研究。

分析如下。

1）跨学科融合：新媒体与跨境电商的结合，涉及国际贸易、物流管理、市场营销、信息技术等多个商科领域的知识，体现了跨学科融合的特点。这种融合不仅符合当前商科教育的发展趋势，也为商科类大学生提供了广阔的研究视野和实践机会。

2）市场需求：随着全球经济的数字化转型和跨境电商的快速发展，市场对具备新媒体技能和跨境电商知识的人才需求日益增长。研究新媒体与跨境电商方向，有助于商科学生更好地适应市场需求，提升就业竞争力。

3）前沿性：跨境电商作为国际贸易的重要组成部分，正经历着前所未有的变革。新媒体技术的普及为跨境电商提供了更广阔的市场和更便捷的交易方式。研究新媒体与跨境电商的结合，有助于探索新的商业模式和市场机会，推动国际贸易的便利化和全球化。

4）实践价值：新媒体与跨境电商的研究不仅具有理论价值，还具有很高的实践价值。通过研究，可以为跨境电商企业提供营销策略、市场拓展、供应链管理等方面的建议，助力企业实现可持续发展。

5）创新潜力：新媒体技术的不断创新为跨境电商带来了更多的可能性。例如，通过社交媒体推广、短视频营销等方式，跨境电商企业可以更有效地触达消费者，提升品牌知名度。研究新媒体与跨境电商的结合，有助于挖掘新的创新点，推动跨境电商领域的创新发展。

综上所述，新媒体与跨境电商方向结合了商科领域的多个知识点，具有跨学科融合、市场需求大、前沿性强、实践价值高和创新潜力大等特点，因此最具研究价值且属于商科前沿研究。

通过 AI 对此的问答，你已经基本选定自己的研究方向“新媒体与跨境电商”，按照选题的一般步骤，接下来需要进行文献研究。

【例 5-3】 针对“新媒体与跨境电商”课题，利用“知网研学”检索相关研究文献进行信息获取、分析和评估。

【操作步骤】

步骤 1：登录“知网研学”https://x.cnki.net/web/search，如图 5-2 所示，选择“研读学习”|“我的专题”选项。

图 5-2　“知网研学”主界面

步骤 2：在打开的研读学习界面，单击“新建专题”按钮，在名称框内输入“新媒体与跨境电商”，单击“确定”按钮，创建新学习专题。再单击“检索添加文献”按钮，如图 5-3 所示。

图 5-3　新建“新媒体与跨境电商”专题界面

步骤 3：打开如图 5-4 所示的界面，可以看到“知网研学”的 AI 检索给出了与你的选题相关度较高的文献，并按照“发表时间”由近及远的顺序列出文献的题目、作者、来源等信息。

图 5-4　文献搜索界面

分析：文献总数为 53 篇，其中学术期刊 41 篇，学位论文 3 篇。总体文献数目不多，近期发表的论文来源也并不是核心期刊，尤其是学位论文数目仅 3 篇。这些信息可能会引发你的思考“该方向是不是并不属于前沿领域或者可行性有问题？”。

步骤 4：选中感兴趣的文献，单击“筛选”|“可视化分析”下拉按钮，在打开的列表中选择“已选结果分析”选项，如图 5-5 所示。查看对已选论文的多角度计量分析，可以看到相关文献在不同年份的发表数量，如图 5-6 所示，进而分析课题的热点变化趋势。

图 5-5　对已选文献进行可视化分析

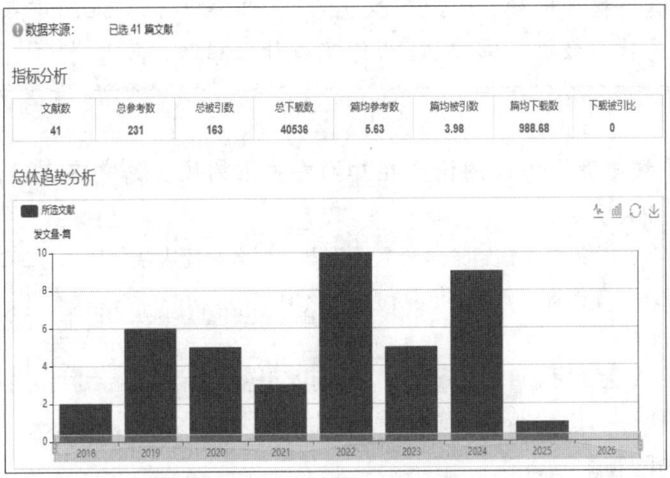

图 5-6　文献发表数量总体趋势的计量分析

分析：从总体趋势分析可以看出，虽然研究热度并不高，但近 3 年呈增长态势，你可能希望进一步确认该方向的高水平论文。

步骤 5：回到检索搜索界面，单击“学位论文”下拉按钮，查看 3 篇学位论文的详细信息，如图 5-7 所示。

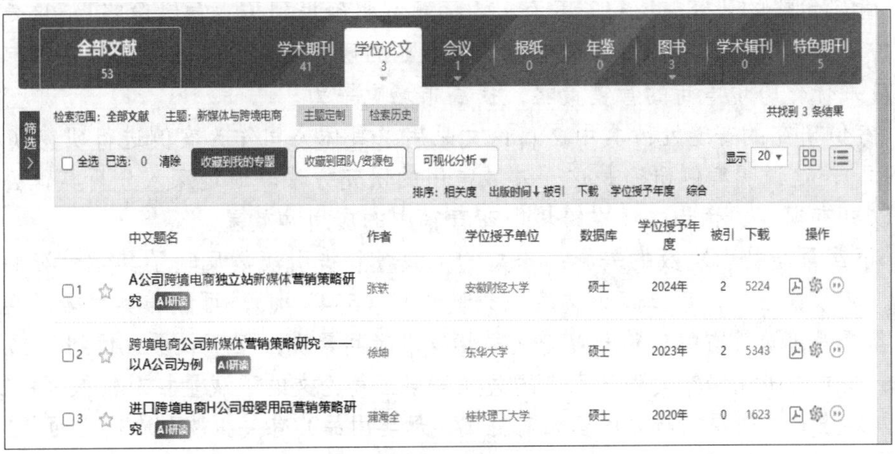

图 5-7　学位论文检索界面

分析：你可能发现近两年有 2 篇学位授予的硕士论文，这说明研究方向前沿可行，以往论文较少说明该方向是一个较新的研究关注点，下载次数比较多说明该选题关注度较高，值得研究。但是，以上这些分析是你的推测，假设你希望 AI 大模型对这些论文信息进行分析，检验一下你的猜测是否符合科学的推理结论。

步骤 6：打开“文心一言”，进行智能交互问答，检验你的猜测是否正确。复制“知网研学”的 3 篇硕士学位论文信息，粘贴到“文心一言”智能交互区，然后描述你的问题。

注　意

复制到“文心一言”智能交互区的表格可能会出现格式混乱，但是对于 AI 来说，它完全可以克服这一格式问题，因此可以忽略这一问题。你关注的重点应该是如何清晰地说明你提供的是什么数据，需要 AI 为你完成什么帮助。

【你的提问】

“新媒体与跨境电商”方向的论文在知网中收录的硕士论文有 3 篇，具体如下：

	中文题名	作者	单位	学位授予	年度	被引	下载操作
1	A 公司跨境电商独立站新媒体营销策略研究	张轶	安徽财经大学	硕士	2024 年	2	5224
2	跨境电商公司新媒体营销策略研究——以 A 公司为例	徐坤	东华大学	硕士	2023 年	2	5343
3	进口跨境电商 H 公司母婴用品营销策略研究	蒲海全	桂林理工大学	硕士	2020 年	0	1623

请分析一下这样的文献数据说明了什么？

【文心一言的回答】

从提供的文献数据中，我们可以对“新媒体与跨境电商”方向的论文在知网中的收录情况进行深入分析，以下是几点主要结论。

1）研究领域的关注度：3 篇硕士论文的选择都集中在了“新媒体与跨境电商”这一交叉领域，时间跨度从 2020 年至 2024 年，说明这一研究领域在学术界有一定的关注度和研究价值。随着新媒体的快速发展和跨境电商的兴起，两者结合的研究成为了热点话题。

2）营销策略的研究重点：3 篇论文的标题都明确提到了“营销策略”，这表明在新媒体与跨境电商的结合中，营销策略是一个重要的研究方向。研究者们关注如何通过新媒体手段来优化跨境电商的营销策略，提高市场竞争力。

3）案例研究的普遍性：其中 2 篇论文采用了具体公司作为案例进行研究（A 公司和 H 公司），这说明案例研究是这一领域常用的研究方法。通过深入分析具体公司的实践，可以更直观地了解新媒体在跨境电商营销中的应用和效果。

4）下载量与被引次数的差异：论文的下载量和被引次数反映了其学术影响力和受关注度。从数据上看，第二篇论文的下载量最高（5343 次），可能与其发表时间较早、研究内容更具普遍性有关。第一篇论文虽然发表时间最晚，但下载量也达到了 5224 次，说明这一领域的研究仍然受到学术界的关注。第三篇论文的下载量相对较低（1623 次），可能与其发表时间较早、研究内容相对特定（母婴用品）有关。被引次数方面，2 篇论文被引 2 次，1 篇 0 次，这也反映了论文的学术影响力和被其他研究者引用的情况。

5）学位授予单位的多样性：3 篇论文分别来自安徽财经大学、东华大学和桂林理工大学，这说明不同高校都在关注并研究这一领域，体现了学术研究的多样性和广泛性。

综上所述，这样的文献数据说明了“新媒体与跨境电商”方向在学术界具有一定的关注度和研究价值，营销策略是其中的重要研究方向，案例研究是常用的研究方法，且不同高校都在关注并研究这一领域。

分析：从 AI 的回答中验证了你的猜测，随着新媒体的快速发展和跨境电商的兴起，两者结合的研究成为了热点话题，这一主题在学术界具有一定的关注度和研究价值。而且，AI 指明了当前“营销策略”是重要的研究方向，“案例研究”是常用的研究方法。因此你可以确定自己的选题为“新媒体与跨境电商的营销策略研究”。

然而，第一，营销策略是已发表论文的研究方向，此命题下的创新研究可能略显不足，关注更多的研究方向或许能启发你的创新和探索灵感；第二，这个题目的表述显然不符合研究课题名称的规范，可以对其进行润色，使其更加符合学术性和规范性的要求。

【例 5-4】 运用“知网研学”中的“研学 AI”的选题评价，确定课题方向；“润色”课题名称，优化“新媒体与跨境电商”的课题描述；生成相关检索文献综述报告。

【操作步骤】

步骤 1：登录“研学 AI”https://xai.cnki.net。选择“AI 选题分析”|“AI 选题推荐”选项，打开“AI 选题推荐”界面，在关键词中输入“新媒体；跨境电商；”两个关键字，研究领域选中“经济与管理科学”复选框，如图 5-8 所示。

图 5-8　“AI 选题推荐”界面

分析：关键词没有加入“营销策略”的原因是你希望探索新的研究切入点。

步骤 2：在打开的界面中单击“AI 选题润色”按钮，对感兴趣的题目进行润色，如图 5-9 所示。

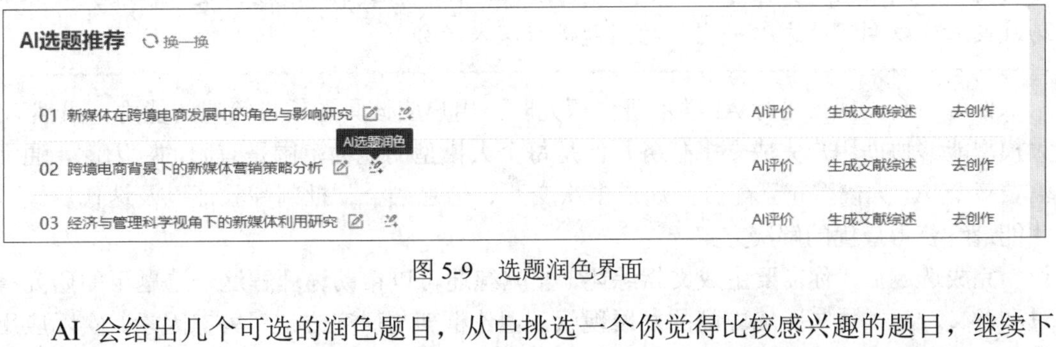

图 5-9　选题润色界面

AI 会给出几个可选的润色题目，从中挑选一个你觉得比较感兴趣的题目，继续下面的研究。例如，选择润色后的题目为“新媒体视角下跨境电商市场拓展策略分析”。

步骤 3：单击“AI 选题评价”按钮，对选题进行评价。AI 会给出多角度的评价分析，综合评价、可行性、创新性、背景与意义、应用价值、重要性、风险与挑战和期刊推荐，如图 5-10 所示。

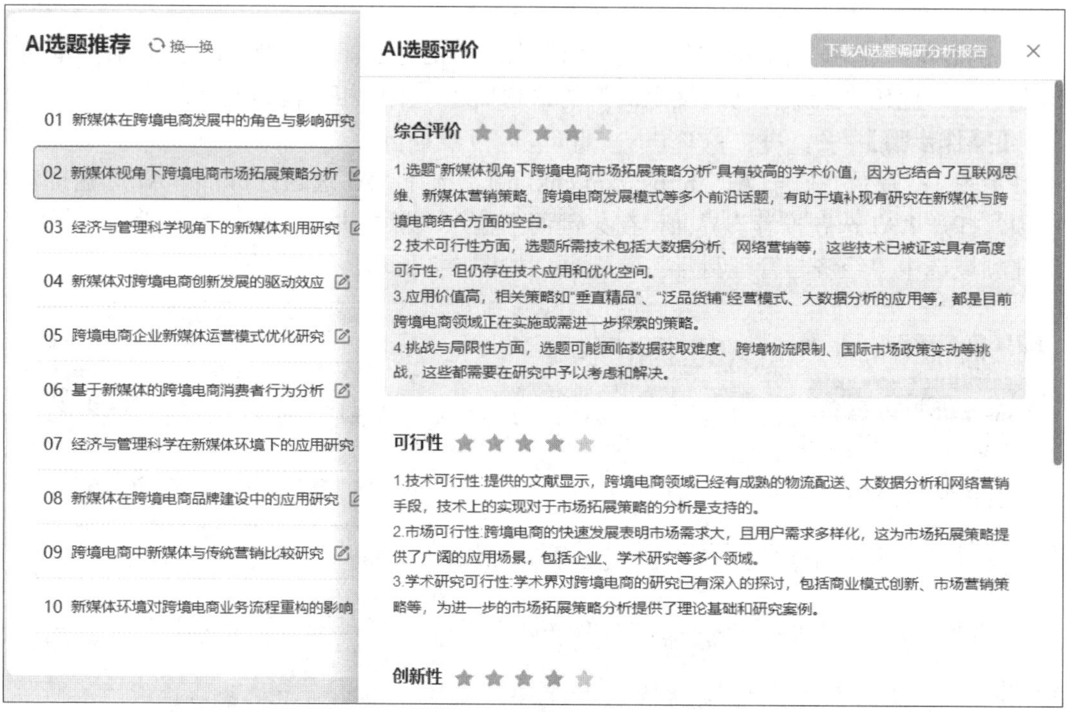

图 5-10　“AI 选题评价”界面

分析：从“综合评价”中可以看出，选题“新媒体视角下跨境电商市场拓展策略分析”具有较高的学术价值，涉及的大数据分析和网络营销等技术具备可行性，在“垂直精品”“泛品货铺”经营模式上有进一步探索的应用价值，在分析最后还给出了需要注意的数据获取、跨境物流、国际市场政策等制约因素。

注　意

为了进一步确定可研究的领域，应逐一对数据获取、跨境物流、国际市场政策 3 个方面进行信息收集和数据分析，了解数据获取途径和形式、跨境物流现状和相关国际市场政策。可以利用“文心一言”对问题进行深入的分析。

你可能会发现，进行 AI 学术研究探究时，用户应该具备信息筛选的能力。虽然 AI 大模型能够协助用户完成众多任务，但是每个大模型的能力范围是有限的。因此，通常需要多个 AI 大模型相互配合，通过多次交互、信息融合、批判性验证以及迭代反馈，才能最终获得最优的解决方案。

完成选题后，你需要生成文献综述。文献综述可以帮助你理解这一选题下的研究背景和意义，新媒体与跨境电商的发展现状，理论框架与研究方法、关键因素、实际应用与案例分析、主要参考文献目录。

步骤 4：单击“文献综述”按钮，根据需求输入检索要求，如图 5-11 所示，单击“下一步→生成大纲”按钮。

图 5-11　“研学智得 AI”文献综述功能的“输入要求”界面

AI 根据用户输入的要求生成大纲和综述全文，如图 5-12 所示。生成完成后，单击“去编辑”按钮，可以下载或在线编辑综述文件。

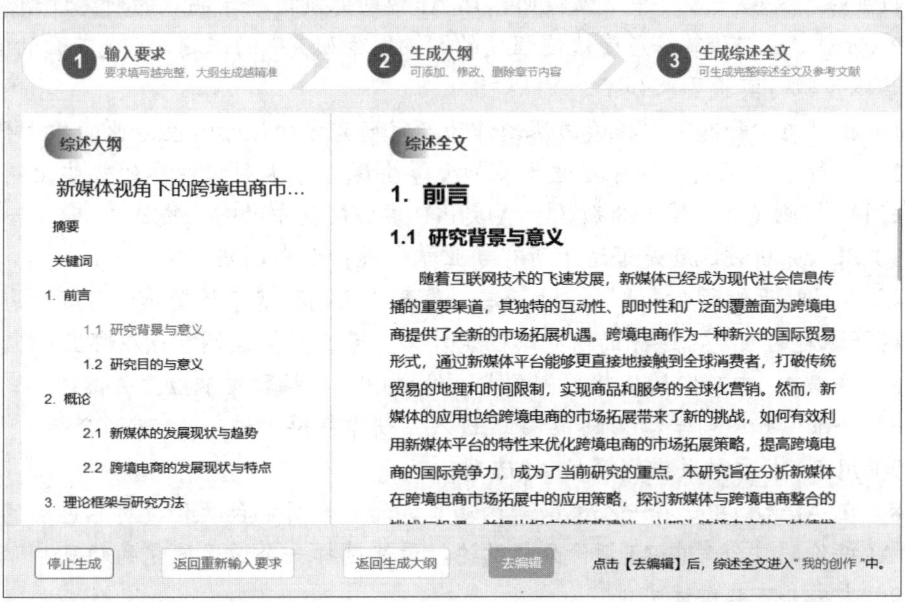

图 5-12　“研学智得 AI”文献综述功能的“生成综述全文”界面

当前的主要研究问题已经明确，但随之而来的挑战是如何针对这一问题开展深入研究。作为一个没有任何研究经验的人，你期待 AI 大模型帮助提供专业的指导和建议，可利用“文心一言”进一步制订研究计划。

拓展实验

1. 提出一个自己感兴趣的学术话题，完成本专业领域内的学术探究过程。

具体步骤与实验要求如下。

1）在“文心一言”中智能交互提问，了解本专业现有学术研究方向。

2）选择一个自己感兴趣的方向，追问“文心一言”，该研究方向的前沿技术、研究热点等可以帮助选题的相关问题。

3）让“文心一言”帮助列出一些适合你研究的课题（这里需要采用角色扮演式提问，说明你是谁，你要做什么，具体的要求有哪些）。

4）从“文心一言”给出的列表中，找到你的兴趣点，追问该课题应如何展开研究。

5）登录“知网研学”，新建专题，检索相关文献。

6）计量分析文献，根据可视化数据，分析已选课题的研究现状和趋势。

7）利用“文心一言”分析文献检索的情况，检验自己的分析。

8）如果确定该方向可选，进入“研学智得”进一步分析选题，润色题目。如果发现该选题方向存在诸多不足，返回“文心一言”重新选题。

9）生成已选题目的文献大纲和综述全文，并下载综述全文。

10）在“文心一言”中交互提问，该课题应获取哪些相关研究数据，并找到获取途径，形成新的一个章节“3 数据来源可行性分析”插入综述全文中。

11）在“文心一言”中交互提问，让 AI 帮助你制订科学高效的研究计划。

2. 针对“短期租赁房屋受欢迎程度的影响因素研究”的课题，完成下面的实验。

具体步骤与实验要求如下。

1）在“文心一言”中探索该课题作为学术研究方向适于哪些专业的学生研究。

2）进行学术探究，该课题适于参加大学生课外学术科技竞赛的哪些比赛，如“互联网+”“挑战杯”等，分别属于 A 类、B 类、C 类中的哪一类。

3）深入分析该课题是否适于所有专业学生进行社会调研研究。

4）探寻对于你所在专业的学生而言，展开“短期租赁房屋受欢迎程度的影响因素”这一课题的研究，遵循的研究路径是什么，专业优势或侧重点在哪里。

5）根据 4）中确定的优势或侧重点，结合题目，抽取文献检索关键词。

6）登录“知网研学”，新建专题，进入“研学智得”进行 AI 选题分析。

7）用 5）抽取的关键词开始 AI 选题。

8）在 AI 选题中选择一个感兴趣的题目，进行题目润色优化，对润色后的题目进行 AI 评价，综合考虑 AI 评价分析结论，最终选择一个适于研究的题目。

9）生成并下载综述文件。

10）在“文心一言”中交互提问，让 AI 帮助你制订两个研究计划，一个用于学术论文撰写，一个用于社会调查研究。

实验 6
自然语言驱动的“智能”编程实验——AI 编程

实验目的

1）探究如何利用自然语言处理技术，将人类的自然语言指令有效转化为计算机能够理解和执行的编程语言代码。

2）熟练掌握并运用“智谱清言”、DeepSeek 等 AI 大模型，完成编程任务、代码解释和算法分析。

3）掌握在 Python 环境下运行 AI 编程代码的调试技巧，确保代码能够正确执行并优化性能。

4）掌握在 HTML 环境下运行 AI 编程代码的调试过程，为 Web 开发中的 AI 应用打下基础。

实验内容

1. 自然语言指令到编程代码的转化

1）根据具体的编程场景和需求，选择一个具有代表性的 AI 大模型作为工具。

2）利用自然语言提出交互问题，尝试通过这个 AI 大模型将需求转化为相应的编程语言代码，如 Python、C 或 JavaScript 等。

3）利用 AI 大模型对转化后的代码进行解释，并分析其背后的算法逻辑。

4）在真实的编程环境中运行这段转化后的代码，评估其转化的准确性和执行效率。

5）根据评估结果对代码进行交互优化，确保代码完全符合原始的场景和需求。

2. 适于自然语言指令到编程代码转化的 AI 大模型

（1）Codex（由 OpenAI 开发）

编程方面的特点：专为编程任务设计，生成高质量代码；支持多种编程语言，理解编程上下文和风格；提供实时代码补全和建议。

适合的任务：自动化代码生成、代码补全、代码重构、文档生成等。

适合的人群：程序员加速开发过程、编程学习者实例学习和编程实践、开发团队协作和代码一致性。

（2）AlphaCode（DeepMind）

编程方面的特点：专门针对编程竞赛设计，能够在解决编程问题时自动生成高质量的代码。

适合的任务：解决复杂的编程挑战和竞赛题目。

适合的人群：参与编程竞赛的选手、高级开发者。

（3）智谱清言（智谱华章）

编程方面的特点：不仅能够生成代码，还能支持代码的解析、调试和测试。

适合的任务：逻辑相对简单的工作场景；辅助教学工具；快速原型设计，允许团队成员即使不具备深厚的技术背景也能够参与到项目中来。

适合的人群：编程新手和非技术人员、教育工作者和学生、开发者（尤其是在快速迭代、原型设计阶段）。

（4）讯飞星火大模型（科大讯飞）

编程方面的特点：语音识别、语音合成等领域拥有深厚的技术积累，融入了语音识别等特色技术。

适合的任务：代码生成、代码补齐、代码纠错、代码解释和单元测试生成。

适合的人群：开发者、科研教育工作者、有语音交互需求的人群。

（5）DeepSeek（深度求索）

编程方面的特点：通过大规模强化学习技术，增强了模型的推理能力和泛化能力，训练和使用费用相对较低。

适合的任务：跨领域知识推理，处理复杂编程任务，如数学难题解决、复杂法律条文分析等。

适合的人群：开发者、数据科学家，以及其他需要处理大量数据的专业人士。

（6）其他

文心一言、通义千问、kimi、豆包等大模型都具有多轮对话、文案创作、逻辑推理等功能，也适用于代码生成的相关任务。

3. 程序编写的一般过程

程序编写的一般过程可以概括为以下几个关键步骤。这些步骤有助于确保开发出的程序既满足需求又具备良好的性能。

1）理解题目/任务要求：明确项目的边界条件和限制。

2）设计算法：选择适合的算法原型，确定解决问题的方法和策略。

3）选择合适的编程语言和工具。

4）编写代码：采用模块化设计思想，便于后续的测试和维护。

5）调试：定位程序中的错误，逐步排除语法错误和逻辑错误。

6）测试：尝试各种输入情况，特别是边界条件，验证程序的健壮性；编写单元测试用例，覆盖主要功能点；进行集成测试，检查不同模块之间的交互是否存在问题。

7）优化与改进：审查代码，提高执行效率、减少资源消耗等；考虑代码的可扩展性和可维护性；收集用户反馈，根据实际使用情况进一步改进程序。

4. 常见编程语言

不同的编程语言因其设计目的、特性以及所支持的库和框架的不同，适合用于不同类型的任务。以下是几种常见编程语言及其适用的任务领域。

（1）Python

适用任务：数据科学、机器学习、人工智能、网络爬虫、自动化脚本、Web 开发（Django, Flask）、游戏开发（Pygame）、桌面应用开发。

特点：语法简洁清晰，拥有丰富的第三方库支持，易于学习。

（2）JavaScript

适用任务：前端 Web 开发、后端 Web 开发（Node.js）、移动应用开发（React Native）、游戏开发（Phaser.js）、服务器端脚本编写。

特点：主要用于浏览器端的脚本编写，支持事件驱动、适合实时应用。

（3）Java

适用任务：企业级应用开发、Android 应用开发、大型系统架构、嵌入式系统、大数据技术栈（如 Hadoop）。

特点：Android 应用开发，具有良好的跨平台和大数据处理能力。

（4）C++

适用任务：系统软件开发、游戏开发（尤其是高性能需求的游戏引擎）、实时模拟、图形处理、嵌入式系统、金融计算等。

特点：直接操作内存的能力，提供对硬件的底层访问，性能优越但相对复杂。

（5）C#

适用任务：Windows 应用开发、游戏开发（Unity 引擎）、Web 应用和服务（ASP.NET）、企业解决方案。

特点：集成于.NET 框架中，对于需要与 Windows Server、SQL Server 等紧密集成的应用，C#通常是首选语言。

（6）R

适用任务：统计分析、数据可视化、生物信息学研究。

特点：专门为统计计算和图形生成设计的语言，广泛应用于学术界和数据分析领域。

5. 应用案例

【例 6-1】 在“智谱清言”中，用 Python 语言编程实现：求两个数的最大公约数。

【操作步骤】

步骤 1：登录“智谱清言”AI 大模型 https://chatglm.cn，如图 6-1 所示。

步骤 2：分析任务。在对话框中输入如下内容：

分析任务“用 Python 语言编程实现：求两个数的最大公约数”。

【ChatGLM 的回答】

分析任务“用 Python 语言编程实现：求两个数的最大公约数”时，我们可以从以下几个方面进行。

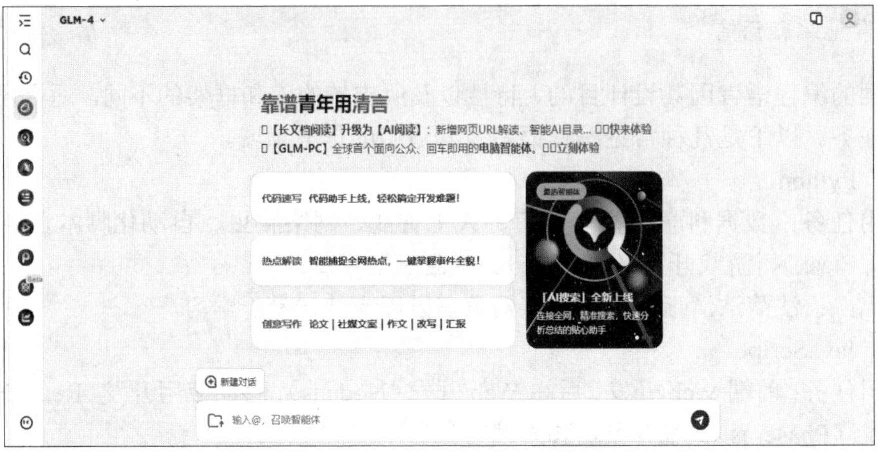

图 6-1 “智谱清言”主界面

1. 理解最大公约数（GCD）

定义：最大公约数（greatest common divisor，GCD）是能同时整除两个数的最大正整数。

性质：例如，8 和 12 的最大公约数是 4，因为 4 是能同时整除 8 和 12 的最大数。

2. 算法选择

欧几里得算法：这是一种高效计算最大公约数的方法。其基本思想是两个正整数 a 和 b（a>b），它们的最大公约数等于 a 除以 b 的余数 c 和 b 的最大公约数。

递归实现：可以直接使用递归方式实现欧几里得算法。

迭代实现：也可以使用循环方式实现，避免递归可能导致的栈溢出问题。

3. Python 实现

函数定义：定义一个函数，接受两个参数，返回它们的最大公约数。

输入处理：确保输入为正整数，可以添加输入检查。

算法实现：根据选择的算法（递归或迭代），编写相应的代码。

4. 测试和验证

测试用例：准备一些测试用例，包括边界情况（如两个相同的数、一个数是另一个数的倍数等）。

验证结果：运行测试用例，验证算法的正确性。

5. 优化和扩展

性能优化：分析算法复杂度，考虑是否有优化空间。

功能扩展：例如，可以扩展为计算多个数的最大公约数。

接下来，我将提供一个使用欧几里得算法的 Python 实现示例。

算法代码如图 6-2 所示。在代码窗口的右上角，可以选择更改编程语言类型，如 Plain、Bash、C++、C#、CSS 等。

以下是使用欧几里得算法的迭代实现计算两个数最大公约数的结果：

888 和 121212 的最大公约数是 444

545454 和 242424 的最大公约数是 666

100100100 和 757575 的最大公约数是 252525

111 和 111 的最大公约数是 111（边界情况，两个数相同）

000 和 555 的最大公约数是 555（边界情况，其中一个数为 0）

151515 和 000 的最大公约数是 151515（边界情况，其中一个数为 0）

这个实现正确处理了包括边界情况在内的各种情况。通过这些测试用例，我们可以验证算法的有效性。如果需要进一步优化或扩展功能，可以根据具体需求进行。

```python
def gcd(a, b):
    """
    计算两个数的最大公约数 using 欧几里得算法的迭代实现。

    :param a: 第一个正整数
    :param b: 第二个正整数
    :return: a和b的最大公约数
    """
    while b != 0:
        a, b = b, a % b
    return a

# 测试gcd函数
test_cases = [(8, 12), (54, 24), (100, 75), (1, 1), (0, 5), (15, 0)]
test_results = [(a, b, gcd(a, b)) for a, b in test_cases]
test_results
```

图 6-2　“智谱清言”代码实现

分析：ChatGLM 给出的代码，虽然已经用注释进行了解释，对于初学者来说仍很难理解语句的意义，但你可能注意到这里提到了“欧几里得算法”，很显然它是问题的关键，为了更好地理解代码，先要弄清楚“欧几里得算法”的算法逻辑。

步骤 3：绘制算法流程图。在对话框中输入如下内容：

绘制“欧几里得算法”的程序流程图。

单击“查看流程图”按钮，ChatGLM 绘制的流程图如图 6-3 所示。

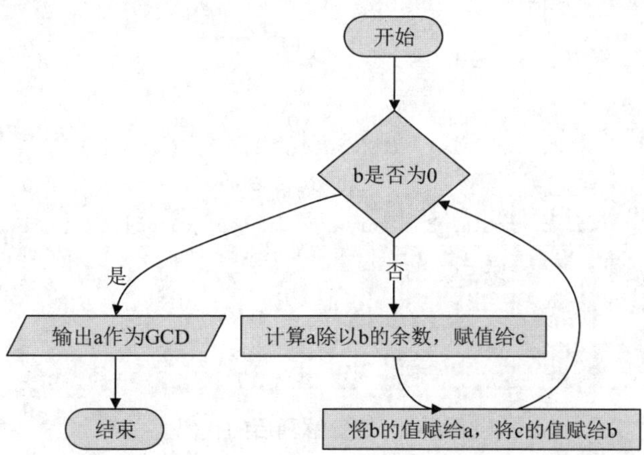

图 6-3　“智谱清言”生成的“欧几里得算法”程序流程图

分析：ChatGLM 给出的程序流程图，从开始到结束，描述了算法逻辑过程。

步骤 4：进一步解释流程图。在对话框中输入如下内容：

能否添加注释说明？

【ChatGLM 的回答】

流程图注释内容如下。

1）开始：算法的起始点。

2）输入两个数 a 和 b：算法需要两个正整数作为输入。

3）判断 b 是否为 0：检查是否达到算法的终止条件。

是：如果 b 为 0，则算法结束。

输出 a 作为 GCD：此时 a 是最大公约数。

结束：算法的终点。

否：如果 b 不为 0，继续执行算法。

计算 a 除以 b 的余数，赋值给 c：这一步是取余操作。

将 b 的值赋给 a，将 c 的值赋给 b：更新 a 和 b 的值，为下一次迭代做准备。

返回步骤 3：重复判断 b 是否为 0。

步骤 5：解释代码。单击代码窗口右上角的“复制”按钮，复制代码，粘贴在对话框，按键盘上的“Shift+Enter”组合键换行，输入“在每一行代码后解释代码”。

【ChatGLM 的回答】

ChatGLM 给出的解释代码如图 6-4 所示。

```python
Python
def gcd(a, b):
    # 定义一个函数gcd，接受两个参数a和b，用于计算它们的最大公约数
    while b != 0:
        # 开始一个循环，只要b不等于0就继续执行
        a, b = b, a % b
        # 同时赋值，将b的值赋给a，将a除以b的余数赋给b，这是欧几里得算法的核心
    return a
    # 当循环结束时，b为0，a就是最大公约数，返回a

# 测试gcd函数
test_cases = [(8, 12), (54, 24), (100, 75), (1, 1), (0, 5), (15, 0)]
# 定义一个测试用例列表，包含多组数字对，用于测试gcd函数
test_results = [(a, b, gcd(a, b)) for a, b in test_cases]
# 使用列表推导式，对每组数字对执行gcd函数，并收集结果成一个新列表，每个元素是一个包含原数字对和它们的最大公约数的元组
test_results
# 这行代码会输出test_results列表的内容，显示每对数字及其最大公约数
```

图 6-4　逐行解释后的代码

分析：ChatGLM 解释了每一行代码的意义，但你仍觉得没有看懂，如定义一个函

数 gcd，函数是什么？测试 gcd 函数时，定义一个测试用例，什么是测试用例？

步骤 6：简化程序。在对话框中输入如下内容：

简化代码，是否可以去掉函数和测试用例。

【ChatGLM 的回答】

当然可以。如果我们只是为了展示如何计算两个数的最大公约数，而不需要函数封装和测试用例，那么代码可以简化为以下形式：

```
a = 8
b = 12
# 初始化两个数 a 和 b
while b != 0:
    a, b = b, a % b
    # 执行欧几里得算法的迭代步骤，直到 b 为 0
# 循环结束后，a 就是最大公约数
print("The GCD is", a)
```

分析：程序简单易懂可以理解，但你希望输入任意两个数求它们的最大公约数，而不是固定求 8 和 12 的最大公约数，因此需要优化程序。

步骤 7：优化代码。在对话框中输入如下内容：

修改代码，用户输入任意两个数替换 a 和 b。

【ChatGLM 的回答】

ChatGLM 给出的优化代码如图 6-5 所示。

```python
a = int(input("请输入第一个数: "))
b = int(input("请输入第二个数: "))
# 获取用户输入的两个数并转换为整数

while b != 0:
    a, b = b, a % b
    # 执行欧几里得算法的迭代步骤，直到b为0

# 循环结束后，a就是最大公约数
print("The GCD is", a)
```

图 6-5　优化输入后的代码

代码解释：

a = int(input("请输入第一个数：")): 提示用户输入第一个数，并将输入的字符串转换为整数。

b = int(input("请输入第二个数：")): 提示用户输入第二个数，并将输入的字符串转换为整数。

这样，用户就可以输入任意两个数，程序会计算并输出它们的最大公约数。

分析：通过与“智谱清言”AI 大模型的多次交互问答，已经获得了可以理解的代码，作为编程辅助工具，“智谱清言”完成得很出色。接下来，你希望在真实的 Python 软件环境中运行代码，体验程序实现的全过程并检验代码的准确性。

【例 6-2】 在 Python 中运行“求两个数的最大公约数”的代码，验证代码有效性。

【操作步骤】

步骤 1：打开 Python 的 IDLE 编辑器，选择 File|New Flie 命令，新建程序文件。复制例 6-1 最终获得的源代码到文件编辑器，如图 6-6 所示。

```
*Untitled*
File Edit Format Run Options Window Help
a = int(input("请输入第一个数: "))
b = int(input("请输入第二个数: "))
# 获取用户输入的两个数并转换为整数

while b != 0:
    a, b = b, a % b
    # 执行欧几里得算法的迭代步骤，直到b为0

# 循环结束后，a就是最大公约数
print("The GCD is", a)
Ln: 11 Col: 0
```

图 6-6　Python 代码编写界面

步骤 2：选择 Run|Run Module 命令，运行程序，运行界面如图 6-7 所示。在提示语“请输入第一个数:”的后面输入 8，按 Enter 键确认；在提示语“请输入第二个数:”的后面输入 12，按 Enter 键确认。

```
Python 3.6.5 Shell
File Edit Shell Debug Options Window Help
Python 3.6.5 (v3.6.5:f59c0932b4, Mar 28 2018, 17:00:18) [MSC v.1900
64 bit (AMD64)] on win32
Type "copyright", "credits" or "license()" for more information.
>>>
================= RESTART: C:/Users/Lenovo/Desktop/欧几里得算法.py
=================
请输入第一个数: 8
请输入第二个数: 12
The GCD is 4
>>>
>>> |
Ln: 9 Col: 4
```

图 6-7　Python 代码运行输入和输出界面 1

步骤 3：选择 Run|Run Module 命令，再次运行程序，输入例 6-1 步骤 2 得到的一组测试数据(0,555)，运行结果如图 6-8 所示。

```
=================
请输入第一个数: 0
请输入第二个数: 555
The GCD is 555
>>>
Ln: 7 Col: 14
```

图 6-8　Python 代码运行输入和输出界面 2

经过初步的代码功能验证，你已通过两组测试数据完成了基础校验。为了系统性提升代码质量，需要进一步扩大测试覆盖范围，针对边界条件、异常输入及多场景组合展开深度验证。若延续手动单步测试模式，不仅效率低下且难以穷举所有潜在问题，因此有必要引入自动化测试用例机制。

步骤 4：新建 Python 文件，复制例 6-1 中的代码（图 6-2），粘贴到代码编辑窗口，运行程序，运行结果如图 6-9 所示。实践测试用例代码的运行效果，便于后续 AI 编程代码测试部分的理解。

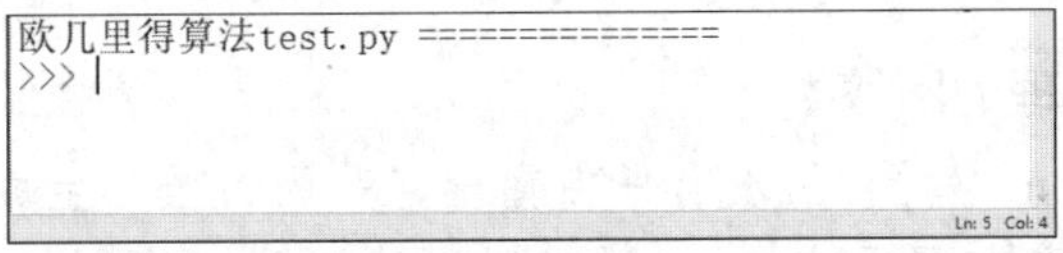

图 6-9　Python 代码运行后的“无结果”界面

分析：运行结果界面没有任何输出，说明这段代码有问题，需要对代码进行调试以纠正错误。

步骤 5：复制代码到 ChatGLM 输入框，并补充问题“为何这段代码在 Python 中运行后没有任何结果？”

【ChatGLM 的回答】

这段代码在 Python 中运行后应该会显示测试结果。每个测试案例的结果是一个元组，包含输入的两个数和它们的最大公约数（GCD）。运行结果如下：

(8, 12) 的最大公约数是 4

(54, 24) 的最大公约数是 6

(100, 75) 的最大公约数是 25

(1, 1) 的最大公约数是 1

(0, 5) 的最大公约数是 5

(15, 0) 的最大公约数是 15

如果在您的环境中运行这段代码后没有看到任何结果，可能是因为您的 Python 环境没有正确配置，或者运行代码的界面没有正确显示输出。您可以检查这些方面的问题。

分析：ChatGLM 的回答很显然不能帮助你解决问题，AI 认为代码没有问题，建议你检测环境配置，假设你已确认环境配置无误，因为其他例子都能成功运行，你急需探索其他途径来正确调试程序并查明问题根源。

步骤 6：单击“智谱清言”左侧功能条中的“深度推理”按钮，复制代码和问题到新建对话输入框，如图 6-10 所示，单击“发送”按钮。

图 6-10　“智谱清言”的深度推理界面

步骤 7：浏览 AI 的推理思考过程。最终智谱清言深度推理 AI 为你找到了解决方案并说明了错误原因。

【智谱清言深度推理的回答】

这段代码在 Python 中运行后没有任何输出，是因为虽然生成了 test_results 列表，但没有使用 print 函数将其显示出来。为了查看测试结果，需要在代码末尾添加 print(test_results)。

此外，为了提高 gcd 函数的健壮性，可以对其进行一些改进。

处理负数输入：将输入参数转换为非负整数，以确保函数在处理负数时也能正确计算最大公约数。

处理特殊情况：当两个输入都为 0 时，gcd(0,0) 是未定义的，应抛出一个异常以避免函数进入无限循环或引发 ZeroDivisionError。

以下是改进后的完整代码：

```
def gcd(a, b):
    a = abs(a)
    b = abs(b)
    if a == 0 and b == 0:
        raise ValueError("gcd(0, 0) is undefined")
    while b != 0:
        a, b = b, a % b
    return a
# 测试 gcd 函数
test_cases = [(8, 12), (54, 24), (100, 75), (1, 1), (0, 5), (15, 0)]
test_results = [(a, b, gcd(a, b)) for a, b in test_cases]
print(test_results)
```

运行这段代码后，将会输出每个测试用例的两个数及其最大公约数，例如：

```
[(8, 12, 4), (54, 24, 6), (100, 75, 25), (1, 1, 1), (0, 5, 5), (15, 0, 15)]
```

这样，不仅能够看到测试结果，还能确保 gcd 函数在各种情况下都能正确工作。

步骤 8：在 Python 环境运行修改后的代码，如图 6-11 所示。

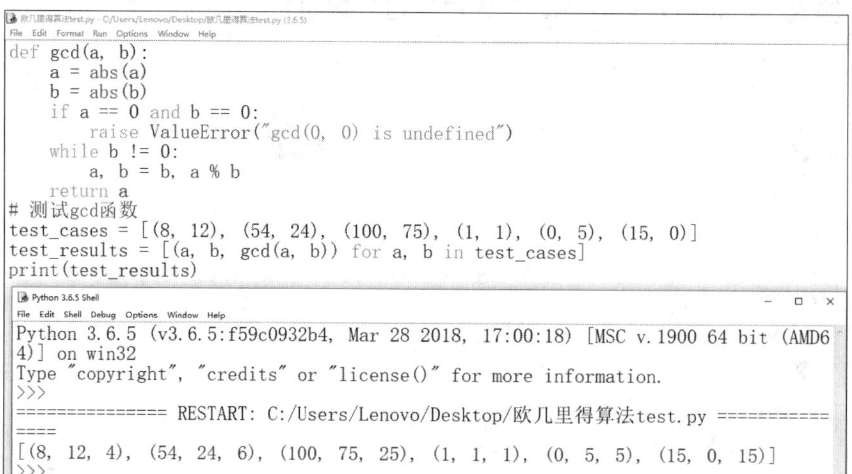

图 6-11　修改后的 Python 代码和运行结果

分析：Python 运行结果和“智谱清言”输出结果一致，且代码通过六组测试用例，测试结果一目了然，这些测试用例由 AI 给出，考虑了各种测试所需的边界值。

【例 6-3】 DeepSeek 辅助 Python 编程，分析金融证券信息。

【操作步骤】

步骤 1：打开 DeepSeek 软件操作主界面。

步骤 2：上传文件。单击“上传附件”按钮，如图 6-12 所示，选择素材文件“证券信息.xlsx”，上传要处理的数据表。

图 6-12　DeepSeek 输入框的“上传附件”按钮

说明：表格中的数据是上海证券交易所网站提供的一周“有价格涨跌幅限制的日收盘价格涨幅偏离值达到 7%的前五只证券”数据。

步骤 3：数据初步分析。在对话框中输入如下内容：

分析上面的价格跌幅涨幅每日最高前五的上市公司股票数据，请列出采用哪些算法，分析出哪些问题。选择“深度思考”，发送问题。

【DeepSeek 的回答】

针对提供的股票数据，可采用以下算法进行分析，并解决相应问题。

1. 聚类分析（如 K-means、DBSCAN）

分析问题：

1）高偏离值股票是否具有共性（如行业、成交量、经营领域等）？

2）是否存在特定类别（如能源、食品饮料）的股票频繁出现在涨幅前五？

实现方式：将股票按行业类别、成交量、成交金额、偏离值等特征聚类，观察高偏离值股票是否集中在某些簇。

2. 回归分析（如线性回归、随机森林回归）

分析问题：

1）偏离值与成交量、成交金额之间是否存在相关性？

2）哪些因素对偏离值的影响最大？

实现方式：以偏离值为因变量，成交量、成交金额、行业类别为自变量建模，量化各变量影响。

3. 时间序列分析（如 ARIMA、LSTM）

分析问题：

1）某些股票（如 600403）连续两日上榜，是否存在短期趋势或事件驱动？

2）不同日期的市场波动是否呈现周期性？

实现方式：分析同一股票多日偏离值变化，结合市场事件探索模式。

4. 关联规则挖掘（如 Apriori 算法）

分析问题：高偏离值是否与特定行业或经营关键词（如“原煤开采”“乳品”）强关联？

实现方式：从经营简介中提取关键词，结合行业类别和偏离值挖掘频繁项集。

5. 异常检测（如孤立森林、LOF）

分析问题：

1）是否存在异常波动（如偏离值远高于行业均值）？

2）某些股票的成交量与成交金额是否不成比例（如 605199 成交量大但金额低）？

实现方式：基于偏离值、成交量、成交金额构建特征，检测离群点。

6. 分类算法（如决策树、SVM）

分析问题：

1）能否预测某股票是否可能进入涨幅前五？

2）哪些特征（如行业、成交量）对分类结果贡献最大？

实现方式：构建二分类模型（是否上榜），使用特征重要性排序。

7. 自然语言处理（NLP）

分析问题：经营简介中的业务描述是否隐含高波动性（如资源类企业更易受政策影响）？

实现方式：对经营简介进行关键词提取（如“原煤”“乳品”“期货经纪”），结合偏离值分析。

8. 主成分分析（PCA）

分析问题：能否用更少的维度解释高偏离值股票的特征？

实现方式：对数值型特征（偏离值、成交量、成交金额）降维，观察主成分分布。

结论

通过上述算法组合，可深入挖掘高偏离值股票的潜在规律，识别异常波动，预测上榜概率，并为投资决策提供数据支持。重点推荐优先进行聚类分析和回归分析，快速定位关键影响因素。若需探索文本信息，可结合 NLP 提取业务关键词辅助分析。

分析：AI 已经对数据进行了初步的分析，并在此基础上进一步开展了深度分析，最终提炼出了八个具有潜力的研究方向及其实现途径，帮助你更好地理解依据当前数据特征可以深入探索的各类问题。

步骤 4：提出问题。在 DeepSeek 对话框输入如下内容：

根据“证券信息.xlsx”的 Excel 文件传递数据给 Python，完成“行业类别与偏离值/成交量/成交金额的关系”分析，绘制相应可视化图。

分析：探究不同行业类别（如能源与矿产类、食品饮料与农业类、医疗健康类等）的证券在偏离值%、成交量、成交金额上的分布特征，揭示哪些行业更易出现高偏离值，以及市场资金对这些行业的关注程度。

【DeepSeek 的回答】

以下是完整的 Python 代码，用于分析行业类别与偏离值、成交量、成交金额的关系，并生成可视化图表。

1. 导入库并设置中文环境

```python
import pandas as pd
import matplotlib.pyplot as plt
import seaborn as sns
from scipy.stats import f_oneway

# 设置中文显示
plt.rcParams["font.sans-serif"] = ["SimHei"]  # Windows系统
# plt.rcParams["font.sans-serif"] = ["Songti SC"]  # Mac系统
plt.rcParams["axes.unicode_minus"] = False  # 解决负号显示问题
```

分析：代码需要导入四个第三方库，Python 代码运行前应确保这些第三方库预先安装，本例默认已经安装完毕。如果需要了解安装第三方库的方法，可以追问 DeepSeek，并按照 AI 提供的具体步骤进行操作，完成安装。

2. 读取 Excel 数据

```python
# 读取Excel文件（修改为你的实际路径）
file_path = "证券信息.xlsx"
df = pd.read_excel(file_path, sheet_name="Sheet1")

# 检查数据前5行
print("数据样例：")
print(df.head())

# 处理日期列（提取日期部分）
df["日期"] = pd.to_datetime(df["日期"]).dt.date
```

分析：读取 Excel 文件时，路径应与实际相符，当前路径 file_path=“证券信息.xlsx”前面没有给出任何路径，是一段通用代码。在没有指定路径的情况下，默认“证券信息.xlsx”文件与 Python 源代码必须保存在同一个文件夹内。如果需要了解添加路径的方式，同样可以继续追问 Deep Seek AI 获取。

3. 按行业类别分组统计

```python
# 按行业类别分组计算关键指标
grouped = df.groupby("类别").agg({
    "偏离值%": ["mean", "median", "std"],
    "成交量(万股/万份)": "sum",
    "成交金额(万元)": "sum"
}).reset_index()

# 重命名列名
grouped.columns = ["类别", "偏离值均值", "偏离值中位数", "偏离值标准差", "总成交量(万股)", "总成
交金额(万元)"]

# 打印统计结果
print("\n行业类别分组统计结果：")
print(grouped)
```

4. 绘制偏离值分布箱线图

```python
plt.figure(figsize=(12, 6))
sns.boxplot(x="类别", y="偏离值%", data=df, palette="Set3")
plt.title("不同行业类别的偏离值分布", fontsize=14)
plt.xticks(rotation=45)
plt.xlabel("行业类别", fontsize=12)
plt.ylabel("偏离值%", fontsize=12)
plt.grid(axis="y", linestyle="--", alpha=0.7)
plt.tight_layout()
plt.savefig("偏离值分布.png", dpi=300)
plt.show()
```

5. 绘制成交量与成交金额对比图

```python
# 创建双纵轴图
fig, ax1 = plt.subplots(figsize=(12, 6))

# 成交量柱状图（左轴）
sns.barplot(x="类别", y="总成交量(万股)", data=grouped, ax=ax1, color="skyblue", alpha=0.7)
ax1.set_ylabel("总成交量(万股)", fontsize=12)
ax1.tick_params(axis="x", rotation=45)

# 成交金额折线图（右轴）
ax2 = ax1.twinx()
sns.lineplot(x="类别", y="总成交金额(万元)", data=grouped, ax=ax2, color="coral", marker
="o", linewidth=2)
ax2.set_ylabel("总成交金额(万元)", fontsize=12)

plt.title("行业类别的成交量与成交金额对比", fontsize=14)
plt.tight_layout()
plt.savefig("成交量与成交金额对比.png", dpi=300)
plt.show()
```

6. 方差分析（ANOVA）

```python
# 提取各行业类别的偏离值数据
categories = df["类别"].unique()
category_data = [df[df["类别"] == cat]["偏离值%" for cat in categories]

# 执行ANOVA检验
f_stat, p_value = f_oneway(*category_data)

print("\n方差分析结果：")
print(f"F统计量：{f_stat:.2f}")
print(f"P值：{p_value:.4f}")
if p_value < 0.05:
    print("结论：行业类别间的偏离值存在显著差异（p < 0.05）")
else:
    print("结论：行业类别间的偏离值无显著差异")
```

7. 输出结果文件

```python
# 保存分组统计结果
grouped.to_excel("行业类别分析结果.xlsx", index=False)
```

预期输出：

1. 控制台输出
- 数据样例和分组统计结果。
- ANOVA 检验结果（是否显著）。

2. 生成文件
- 偏离值分布.png：不同行业偏离值分布的箱线图。
- 成交量与成交金额对比.png：成交量与成交金额对比的双轴图。
- 行业类别分析结果.xlsx：分组统计的详细数据。

注意事项：
- 若 Excel 文件路径与代码不在同一目录，需修改 file_path 为绝对路径。
- 如果遇到中文乱码问题，切换字体（如 Windows 用 SimHei，Mac 用 Songti SC）。
- 图表样式（颜色、尺寸等）可根据需要自定义调整。

步骤 5：运行程序。打开 Python 编程环境，新建程序文件，复制 DeepSeek 生成的代码，保存在与 Excel 文件同一目录内，运行代码。Python 提示有语法错误，如图 6-13 所示。

```
# 提取各行业类别的偏离值数据
categories = df["类别"].unique()
category_data = [df[df["类别"] == cat]["偏离值%" for cat in categories]
```

图 6-13　Python 代码窗口——语法错误提示

步骤 6：调试程序。复制错误代码到 DeepSeek 中，在对话框中输入如下内容：

python 运行上面代码，出现异常。category_data = [df[df["类别"] == cat]["偏离值%" for cat in categories]有语法错误。

【DeepSeek 的回答】

category_data = [df[df["类别"] == cat]["偏离值%"] for cat in categories]　# 修正此处

修改 Python 中的代码，重新运行代码。程序运行后，除了原有的“证券信息.xlsx”和代码文件“证券数据分析.py”外，还生成了多个文件，如图 6-14 所示。

名称
- 成交量与成交金额对比.png
- 偏离值分布.png
- 行业类别分析结果.xlsx
- 证券数据分析.py
- 证券信息.xlsx

（a）生成的文件

类别	偏离值均值	偏离值中位数	偏离值标准差	总成交量(万股)	总成交金额(万元)
传媒类	0.1031	0.1031		6163.61	25560.75
制造业与工业类	0.1005375	0.10275	0.003644933	40276.39	298649.25
医疗健康类	0.096266667	0.1026	0.012202186	13081.61	172943.69
商贸与零售类	0.1024	0.1024		3494.8	21345.74
科技类	0.0962	0.0962	0	44028.6	376042.34
纺织服装类	0.1032	0.1032	0.000282843	4468.89	21869.46
能源与矿产	0.103	0.103		4031.07	12089.52
能源与矿产类	0.097566667	0.104	0.012554017	10915.21	143417.14
营养保健食品类	0.104	0.104		206.51	8069.93
金融服务与期货类	0.0823	0.0823		1190.51	15150.55
食品饮料与农业类	0.08275	0.08275	0.000212132	18227.45	73787.04

（b）生成的数据

图 6-14　Python 代码运行后导出的数据分析结果

分析：代码可以顺利运行，但运行后的箱线图结果并不理想，如图 6-15 所示。

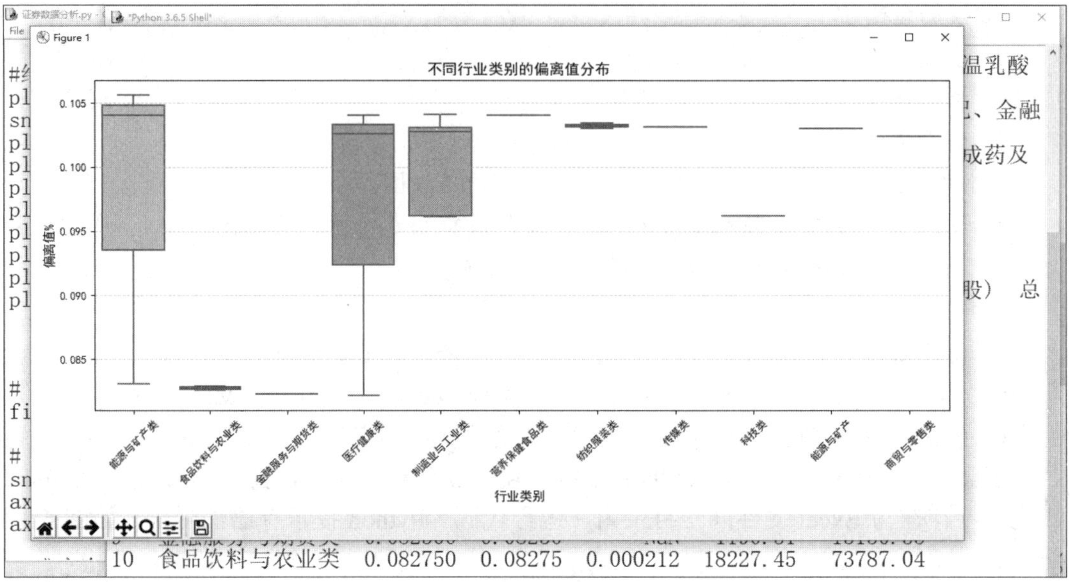

图 6-15　Python 运行结果窗口——箱线图

步骤 7：优化程序。在 DeepSeek 对话框输入如下内容：

代码修改后可以正确运行了，但箱线图可视化效果不好。

分析：DeepSeek 会动态展示优化的过程，注意浏览 DeepSeek 的推理过程，通过理解 DeepSeek 的优化过程，学习优化采用的参数及其功能。

用 DeepSeek 优化后的代码，替换 Python 中箱线图绘制部分的代码，重新运行代码，如图 6-16 所示。

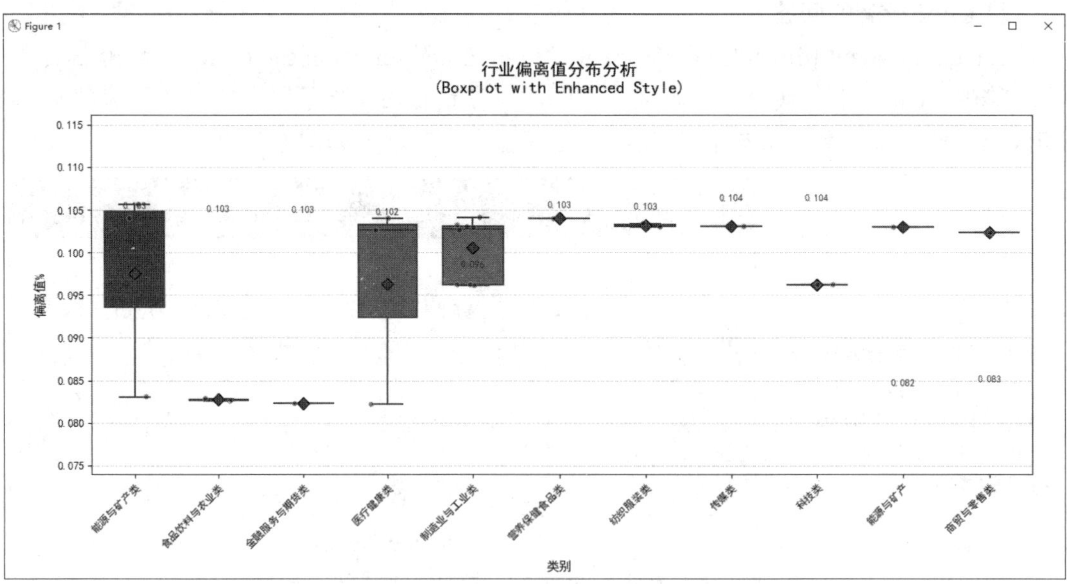

图 6-16　Python 运行结果窗口——优化的箱线图

【例 6-4】 DeepSeek 辅助编写 Web 网页代码，并运行代码实现网页设计。

【操作步骤】

步骤 1：在 DeepSeek 对话框中输入如下内容：

我需要设计一个家庭网页，左上角是家庭图片，右上角是家训文本，左下角是所有成员的生日，右下角是输入框，可以修改家训和成员生日信息。

【DeepSeek 的回答】

以下是一个简单的家庭网页设计实现，使用 HTML+CSS+JavaScript：

```
<!DOCTYPE html>
<html lang="zh-CN">
<head>
    <meta charset="UTF-8">
    <title>家庭主页</title>
    <style>
  ......省略部分代码
    </style>
</head>
<body>
    <div class="container">
        <!-- 左上：家庭照片 -->
        <div class="family-photo">
            <img src="family.jpg" alt="家庭照片">
        </div>

        <!-- 右上：家训 -->
        <div class="motto">
            <h2>我们的家训</h2>
            <p id="motto-text">家和万事兴，孝亲敬长，勤俭持家久继世长</p>
        </div>

        <!-- 左下：生日列表 -->
        <div class="birthdays">
            <h2>家庭成员生日</h2>
            <ul id="birthday-list">
                <li>父亲：7 月 19 日</li>
                <li>母亲：7 月 11 日</li>
                <li>孩子：3 月 14 日</li>
            </ul>
        </div>......省略后续代码
```

主要功能说明：

1）布局使用 CSS Grid 实现 2×2 网格布局。

2）家训区域支持多行文本编辑。

3）生日编辑支持：输入姓名和日期更新现有成员生日。

4）响应式图片显示（需要准备一张 family.jpg 图片）。

5）简单的中文日期格式处理。

6）包含基本的输入验证和错误处理。

使用方法：

1）将代码保存为.html 文件。

2）准备一张命名为 family.jpg 的家庭照片放在同目录。

3）用浏览器打开即可使用。

可以进一步优化的方向：

1）添加本地存储功能（使用 localStorage）。

2）增加删除成员功能。

3）添加生日提醒功能。

4）优化移动端显示。

5）增加照片上传功能。

6）添加样式主题切换功能。

步骤 2：新建文本文件“家庭主页.txt”，复制 DeepSeek 生成的代码，将代码粘贴到文本文件中并保存。

步骤 3：将“家庭主页.txt”另存为“家庭主页.html”文件。

步骤 4：双击打开“家庭主页.html”文件，浏览 Web 网页效果，如图 6-17 所示。

图 6-17 “家庭主页”的初始 Web 页面

分析：家庭照片区域需要放置一张照片，在步骤 1 的“使用方法”中，DeepSeek 已经给出了解决方案。

步骤 5：打开“智谱清言”主界面，单击左侧功能条上的“AI 绘画”按钮，在对话框中输入“温馨的中国家庭合影”，选择比例为“4∶3 的图文横板封面”，发送问题。

步骤 6：选择一张适合的图片，图片命名为“family.jpg”，保存到网页文件所在目录的文件位置。

步骤 7：双击打开“家庭主页.html”文件，再次浏览加入图片后的 Web 网页效果，如图 6-18 所示。

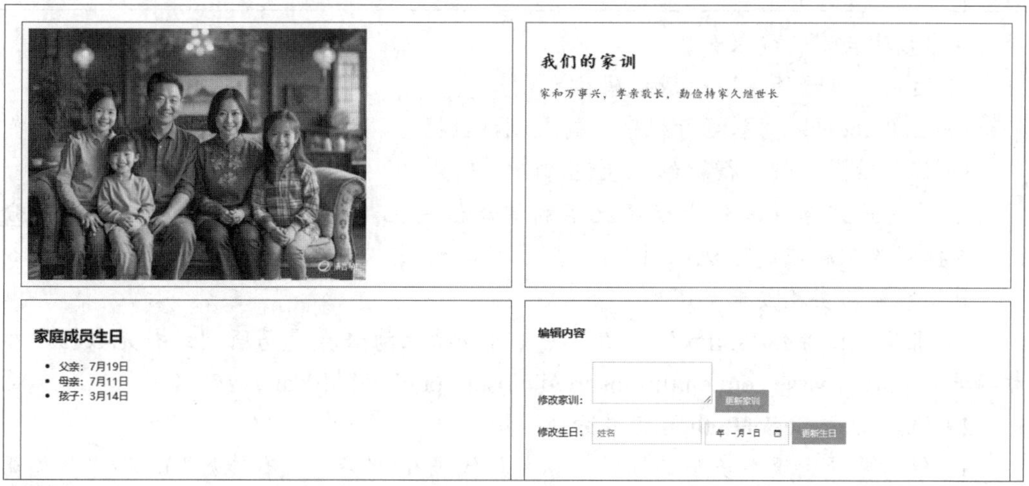

图 6-18　“家庭主页”的第一次优化 Web 页面

分析：页面基本功能已符合你的要求，但你希望进一步优化页面，将全家福照片居中显示。

步骤 8：在 DeepSeek 对话框中输入“修改代码，使得全家福照片可以居中显示在左上角的图片区”，等待 AI 生成代码，复制优化后的代码。

步骤 9：打开“家庭主页.txt”文本文件，粘贴代码，保存。

步骤 10：将修改后的“家庭主页.txt”文本文件另存为“家庭主页.html”，替换原来的网页。

步骤 11：双击打开“家庭主页.html”文件，浏览图片居中修改后的 Web 网页效果。

分析：HTML 网页文件的修改和预览，遵循以下过程：修改对应.txt 文本文件→另存为.html 文件→双击.html 文件预览。

拓展实验

1. 编程实现：用户输入农历年份的 4 位数字，程序输出该农历年份的生肖。具体步骤与实验要求如下。

1）运用“智谱清言”生成代码，解释代码。

2）在 Python 环境中运行程序。

3）输入测试数据，调试代码。

2. 编程实现以下功能：用户输入待积分的函数、积分的下限和上限，程序随后输出积分后的数值，并绘制出被积函数图像，同时将积分函数与 X 轴之间形成的积分面积部分进行涂色处理，如图 6-19 所示。

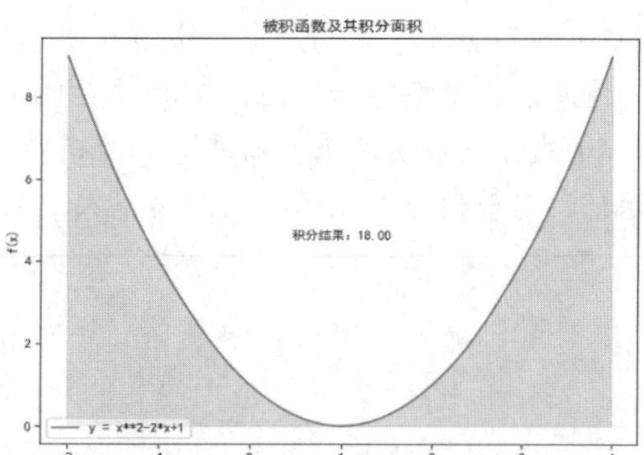

图 6-19　定积分的几何意义可视化图

具体步骤与实验要求如下。

1）运用“智谱清言”生成代码。

2）在 Python 环境中运行程序、输入测试数据，调试代码。

3）优化绘图，使可视化结果表达清晰、美观。

3. 对同一证券在多日上榜情况下的偏离值变化趋势及其市场反应进行深入分析，并据此绘制相应的可视化图表。

具体步骤与实验要求如下。

1）采用“证券信息.xlsx”中的数据（可登录上海证券交易所网站补充数据，参考网址 http://www.sse.com.cn/disclosure/diclosure/public/dailydata/）。

2）运用 DeepSeek+Python 完成分析。

3）针对重复出现在多个日期的证券（如代码 600403“大有能源”），研究其偏离值%、成交量、成交金额的时序变化规律，识别市场对特定证券的短期关注模式，为波动性研究提供案例。

4）可视化数据分析后结果。

4. 证券经营业务关键词与高偏离值的关联性分析，绘制相应可视化图。

具体步骤与实验要求如下。

1）分析“证券信息.xlsx”中的数据（可登录上海证券交易所网站补充数据）。

2）运用 DeepSeek+Python 完成分析。

3）挖掘证券经营简介中的关键词，探究业务特征（如研发、生产、新能源等）是否与高偏离值存在关联。从基本面角度揭示市场对特定业务方向的敏感度，辅助投资策略制定。

4）可视化数据分析后结果。

5. 在例 6-4 基础上优化网页设计，使网页更加美观；增加更多功能，满足个性化应用需求。

具体步骤与实验要求如下。

1）将我们的家训文字的字号进行调整，使其更加醒目突出。

2）将“修改生日”功能扩展为“增加家庭成员姓名及其生日信息”。

3）在界面左下角的“家庭成员生日框”内，新增提醒功能，即在“每个人的生日”信息右侧动态显示“距离下次过生日还有××天”。

4）当家庭成员迎来生日当天，在其生日信息右侧特别显示温馨的祝福语“生日快乐!”，以替代原本显示的“距离下次过生日还有 0 天”。

实验 7
AI 大模型综合实验（一）——“Kimi+问卷星”的问卷调研实现

实验目的

1）熟悉 Kimi 大模型的基本操作界面和交互逻辑。

2）掌握在线问卷平台（如问卷星）设计问卷、发布、收集数据等步骤。

3）掌握 AI 大模型 Kimi 辅助问卷星平台实现智能问卷设计与调研的流程。

4）学会结合 AI 智能实现数据分析，完成社会调研类研究。

实验内容

1. Kimi 大模型的特点

Kimi 大模型是由北京月之暗面科技有限公司（Moonshot AI）推出的一款智能助手。Kimi 大模型的特点如下。

1）Kimi 支持超长文本输入，可实现 200 万字无损上下文处理，在长文本处理方面远超传统模型，能够轻松应对复杂任务。

2）Kimi 具备较强的搜索能力和广泛的资料来源，在时效性方面表现突出。它能够快速捕捉到最新的热点事件和资讯，并为用户提供及时、准确的信息。

3）Kimi 具备跨周对话记忆能力，能够记住用户之前提到的内容。

2. 数据收集的方法

运用计算机和网络进行数据收集的方式多种多样，每种方式都有其特定的应用场景和优势。以下是一些常见的数据收集方式。

1）在线问卷调查。利用互联网技术，将传统的纸质问卷转化为可以在线填写和提交的数字问卷。

优势：一是受访者可以随时随地通过互联网填写问卷，不受时间和地点的限制；二是数据收集、分析和处理过程可以自动化进行，大幅提高了调查效率；三是在线平台提供了丰富的数据分析工具和图表展示功能，方便用户对数据进行深入分析和解读。

工具：问卷星、腾讯问卷、Surveypark 等在线调查平台提供了丰富的问卷模板和题型选择，支持自定义问卷设计和数据收集。

2）学术文献平台。利用互联网技术，将传统的学术资源转化为可以在线检索、浏览和下载的数字化资源。

优势：收录了大量的中文期刊、博士论文、硕士论文、会议论文等学术资源，涵盖多个学科领域。支持学术研究的引文检索和分析，有助于学者进行深入的学术探究。

工具：中国知网（CNKI）、万方数据、维普网等是常用的学术文献平台，它们提供了丰富的学术资源和便捷的检索工具，支持用户进行高效的学术研究和文献查阅。

3）网络爬虫。又称网页蜘蛛、网络机器人，是一种按照一定的规则，自动地抓取互联网信息的程序或脚本。

优势：可以从公开的网页抓取数据，为不同领域如金融分析、市场趋势预测等提供数据支持。

工具：利用 Python、Java 等可编写爬虫程序，也可采用智能爬虫软件如八爪鱼、ParseHub 等。

4）应用程序接口（application programming interface，API）。API 是连接不同软件应用程序的桥梁，用于实现相互通信和数据交换。

优势：可以通过 API 调用数据，促进数据的共享和整合，构建智能化的应用和服务。

工具：一是众多电商平台，如淘宝、京东、拼多多等，均开放了 API，用户能够方便地获取商品详情、订单记录、库存情况及价格波动等信息；二是抖音、快手、小红书等新媒体平台，各自提供了多种 API 服务，以满足用户的不同需求。

5）搜索引擎检索。利用搜索引擎来查找和获取互联网上的信息，包括网页、图片、视频等。

优势：提供了便捷的检索工具，使用户能够快速找到所需的信息。支持高级检索和筛选功能，有助于用户更精确地获取所需信息。搜索引擎检索被广泛应用于学术研究、商业分析、新闻报道、行业报告等领域，是获取互联网信息的重要途径。

工具：百度、谷歌、搜狗、Bing 等。

6）物联网设备数据收集。利用物联网技术，从各种物联网设备中收集数据。

优势：实现了对物理世界的数字化感知和监测，收取设备的运行状态和环境变化，为智能决策和自动化控制提供了数据支持。

工具：传感器（如温度、湿度、光线、声音、压力等）、数字仪表、摄像头、智能灯泡、智能扫地机器人等。

综上所述，数据收集方式多种多样，选择哪种方式取决于研究目的、数据类型和可行性等因素。在实际应用中，可以根据具体情况选择一种或多种方式进行数据收集。

3. 应用案例

【例 7-1】 在 Kimi 中提出感兴趣的话题，以探究发现问题的本质。

【操作步骤】

步骤 1：登录 Kimi https://kimi.moonshot.cn，打开 Kimi 主界面，如图 7-1 所示。

图 7-1　Kimi 主界面

步骤 2：在输入框内输入你的问题，如“短视频为什么会吸引大学生？”

【Kimi 的回答】

短视频之所以能牢牢抓住大学生，不只是因为它“好玩”这么简单，而是它精准地击中了大学生的心理需求、生活状态，甚至社会环境中的某些空白。它像一面镜子，映射出年轻人对娱乐、社交、自我表达的渴望，同时也像一把手术刀，深刻地改变了他们的生活方式和思维习惯。让我从几个关键点来拆解这个现象。

1. 短视频是“懂你”的娱乐机器

短视频的核心吸引力在于它的“懂你”。平台通过算法精准捕捉用户的兴趣点，不断推送符合你偏好的内容。你喜欢搞笑视频，它就给你更多搞笑；你关注时事热点，它就推送相关资讯。这种“私人定制”的体验让人觉得，短视频不仅是一个工具，更像是一个懂你的朋友。

而且，短视频的内容形式本身就很“聪明”。它的节奏快、信息密度高，能在几秒钟内抓住你的注意力。相比于看一部电影或者读一本书，短视频的“短平快”特性让人觉得轻松又高效。尤其是大学生，学习压力大、生活节奏快，短视频成了他们碎片化时间里的最佳消遣方式。

2. 它满足了大学生的社交和情感需求

短视频不仅是娱乐工具，更是一个社交场。大学生通过点赞、评论、转发，和朋友、同龄人建立联系。甚至有人会专门在短视频平台上建群，讨论热点内容或者互相@评论区。这种互动让短视频成为一种“社交货币”，帮助他们融入同龄人圈子，找到归属感。

短视频还提供了一种情感上的慰藉。很多大学生会觉得，生活单调、压力大，而短视频里的搞笑段子、校园生活、时事热点能让他们短暂地逃离现实，获得情绪上的放松。

3. 它正在重塑大学生的生活方式和价值观

它的“泛娱乐化”倾向让很多大学生更倾向于追求轻松、快速的满足感，而对需要耐心和深度投入的事情失去兴趣。有人甚至觉得，看书、看电影太费时间，短视频里的“梗”和段子已经足够了。这种“短平快”的消费习惯，正在削弱他们的专注力和深度思考能力。

更深层次的问题是，短视频的高强度感官刺激正在改变大学生的情绪阈值。他们对日常生活中的积极情感，比如友情、亲情、成就感，变得越来越迟钝。短视频提供的快乐是即时的、强烈的，但也是短暂的。一旦停止观看，这种快乐会迅速消失，甚至让人感到空虚。这种情绪上的“依赖-空虚”循环，正在让一些大学生陷入心理困境。

4. 它是技术与人性博弈的产物

短视频的流行，其实是技术与人性之间的一场博弈。它利用了人类对即时满足的渴望，通过算法和内容设计，最大化地延长用户的停留时间。大学生，作为一个对新鲜事物敏感、社交需求强烈的群体，恰好是最容易被这种机制俘获的用户群体。

结语

短视频的吸引力，归根结底在于它精准地满足了大学生的需求，同时也暴露了他们生活中的某些空白。它是一个时代的产物，反映了技术对人类行为的深刻塑造。但它的影响是双刃剑，既能带来便利和快乐，也可能让人陷入依赖和空虚。

分析：可以看出，短视频之所以深受大学生喜爱，根本原因在于它精准地契合了大学生的心理需求、生活状态及社会环境的空白，成为一面映射年轻人渴望并深刻改变其生活方式和思维习惯的镜子，同时也暴露出一些问题。

步骤 3：继续追问你感兴趣的关注点，探究问题的本质。

【你的问题】

“短视频对大学生的健康影响分析”问题的本质是什么？请使用第一性原则来探索。

【Kimi 的回答】

短视频对大学生健康影响的本质，是它对大学生日常行为模式的改变以及对心理认知的塑造，进而影响到大学生的身心健康状况。以下是基于第一性原则的探索。

1. 短视频对大学生日常行为模式的改变

碎片化时间利用：短视频的短小精悍特性，使得大学生在课间、排队等碎片化时间里也能轻松观看。然而，这种碎片化观看模式可能导致大学生在学习或工作时难以集中注意力，注意力持续时间缩短。

睡眠模式的干扰：很多大学生会在睡前刷短视频，这不仅占用睡眠时间，而且短视频的强刺激性内容会提高大脑兴奋度，使入睡更加困难，进而影响睡眠质量。

2. 短视频对大学生心理认知的塑造

情绪调节与心理压力：短视频可以为大学生提供情绪宣泄的渠道，缓解学习和生活中的压力。但过度依赖短视频进行情绪调节，可能导致大学生在面对现实问题时，缺乏有效的应对策略，进而增加心理压力。

认知偏差与价值观误导：部分短视频内容可能存在虚假、夸张或不健康的价值导向。大学生由于认知能力尚在发展，容易受到这些内容的影响，形成错误的认知和价值观。

3. 对大学生健康的具体影响

生理健康方面：长时间观看短视频可能导致大学生眼睛疲劳、视力下降，以及由于久坐不动引发的颈椎、腰椎等问题。

心理健康方面：短视频成瘾可能使大学生在现实生活中感到孤独和焦虑，影响其社交能力和心理健康状况。

分析：Kimi 的解答深刻揭示了问题的本质及其核心组成部分：日常行为模式的改

变、心理认知的塑造，以及生理健康和心理健康所受到的影响。鉴于这些影响大多倾向于消极层面，深入探究此现象显得尤为重要且迫切。

【例 7-2】 在 Kimi 中，学习求解问题必备的知识和能力。

【操作步骤】

步骤 1：追问 Kimi 如何开展分析。

【你的问题】

我要研究“短视频对大学生的健康影响”，如何开展分析，如何量化这些影响，并准确分析这些影响对大学生健康的影响。

【Kimi 的回答】

以下是一些关于“短视频对大学生健康影响”的研究分析思路、量化方法及准确分析影响的建议。

1. 研究分析思路

明确研究范围和对象：确定研究的大学生群体范围，如特定学校、年级或专业，以便更好地聚焦和控制变量。

多维度分析健康影响：从生理健康、心理健康、行为习惯等方面全面分析短视频对大学生健康的影响。

2. 量化影响的方法

1）生理健康指标。

视力测试：通过专业视力检测设备，对比大学生在使用短视频前后的视力变化情况。

睡眠质量评估：利用睡眠监测手环或问卷调查，记录大学生的入睡时间、睡眠时长、睡眠深度等指标。

身体活动监测：借助运动追踪设备，统计大学生每天的运动步数、运动时长等数据，分析短视频使用是否导致身体活动减少。

2）心理健康指标。

心理量表测评：采用经过验证的心理量表，如焦虑自评量表（SAS）、抑郁自评量表（SDS）、孤独感量表等，对大学生的心理健康状况进行量化评估。

情绪日记法：让大学生记录一段时间内的情绪变化，统计积极情绪和消极情绪的出现频率，分析短视频对其情绪状态的影响。

注意力测试：通过专业的注意力测试软件或任务，如数字广度测试、舒尔特表测试等，测量大学生的注意力集中时间、注意力稳定性等指标。

3）行为习惯指标。

使用时长统计：借助短视频平台的使用数据或时间管理软件，记录大学生每天观看短视频的时间。

学习时间分配：通过问卷调查或学习日志记录，了解大学生在观看短视频后用于学习的时间是否减少。

社交行为观察：观察大学生在现实社交场合中的表现，如社交频率、社交时长、社交满意度等，分析短视频对其社交能力的影响。

分析：通过 Kimi 的回答，看出量化的主要指标可以通过视力测试、睡眠质量评估、心理量表测评、注意力测试等方法获得，这对于一名从事医学研究的学生来说，获得相关实验数据的可能性更大。假设“你”是一名非医学类学生，从社会调研的角度如何开展研究工作呢？

步骤 2：继续追问。根据自身学科特点，缩小关注的范围，找到问题解决的关键点。

【你的问题】

作为一名在校大学生，我能基于可获得的数据，采用哪些方法和工具开展研究？

【Kimi 的回答】

作为一名在校大学生，你可以利用自身可获得的数据和资源，采用以下方法和工具开展“短视频对大学生健康影响”的研究。

1）问卷调查法。

设计问卷：参考已有的研究量表，如结合 CIAS 修订版编制大学生短视频依赖量表，从使用强度、使用偏好、使用动机与使用程度等维度进行测量。还可以增加关于生理健康（如视力、睡眠情况）、心理健康（如情绪状态、焦虑抑郁程度）以及行为习惯（如学习时间分配、社交活动参与度）等方面的问题。

样本选取：采用方便抽样或整群抽样的方式，在所在学校或周边高校选取一定数量的大学生作为调查对象。

数据收集：通过线上问卷平台（如问卷星、腾讯问卷等）发放问卷，方便被调查者填写并回收数据。

2）访谈法。选取不同年级、专业的具有代表性的大学生进行访谈，围绕短视频对大学生健康的影响，设计开放式问题，如“你认为短视频对你的学习生活有什么影响？”“长时间观看短视频后，你有什么身体或心理上的感受？”等。

3）观察法。在校园内或宿舍等场所，观察大学生在观看短视频时的行为表现、与周围人的互动情况等，记录一些直观的现象，如是否因观看短视频而影响了与他人的交流、是否在课堂上偷偷观看短视频等。

4）案例分析法。收集一些因过度使用短视频而导致健康问题的典型案例，深入分析其原因、表现和影响程度，从而更具体地了解短视频对大学生健康的潜在风险。

分析：现有资源是计算机、互联网和在校大学生。在线问卷调查具有在短时间内迅速收集大量数据，不受地域和时间限制的优势，因此采用“问卷调查法”开展“短视频对大学生健康影响”的研究，并对该影响进行量化分析和准确解读。另外，访谈法、观察法和案例法作为补充。

步骤 3：继续追问，确定研究题目，明确研究关注点。

【你的问题】

采用问卷调查的方式研究“短视频对大学生的影响”，题目如何写使其能够符合科学的命名方式。

【Kimi 的回答】

《短视频对大学生心理健康的影响调查》

《短视频对大学生社交行为的影响调查》

《短视频对大学生学习习惯的影响研究问卷》

《短视频对大学生价值观的影响分析问卷》
《大学生观看不同类型短视频的动机与影响研究》
《短视频使用频率、动机与大学生生活影响的调查》
《短视频对大学生社交、学习和心理等多方面影响的综合调查》
……

分析：Kimi 列出了许多研究目的明确引人深思的题目，在其中选择一个你最感兴趣的题目，完成后续的研究。

【例 7-3】 使用“问卷星”设计问卷，使用 Kimi 辅助优化设计问卷。

【操作步骤】

步骤 1：登录问卷星 https://www.wjx.cn，打开“问卷星·AI 助手”主界面，如图 7-2 所示，单击“开始使用”按钮，进入问卷设计界面。

图 7-2　“问卷星·AI 助手”主界面

步骤 2：单击左上角“+创建问卷”按钮，选择应用场景“调查”。

步骤 3：创建调查功能区，如图 7-3 所示，单击“AI 创建问卷”按钮，打开 AI 创作需求填写界面。

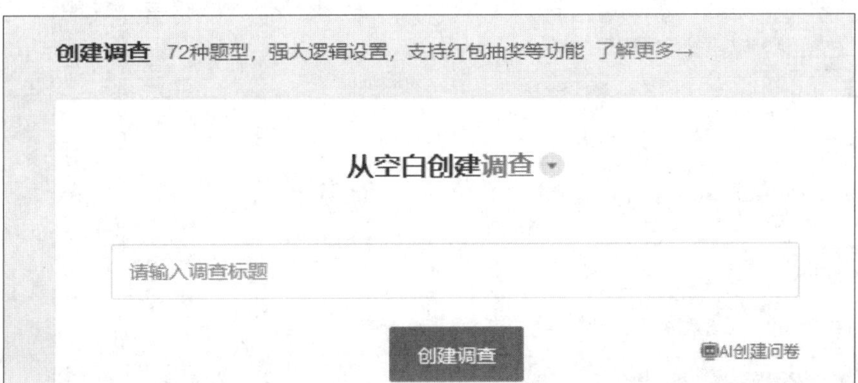

图 7-3　问卷星“创建调查”功能界面

步骤 4：选择模型 DeepSeek R1，如图 7-4 所示，输入调研主题“短视频使用效率、动机与大学生生活影响的调查”，题目数量为 10，调研目的“为了全面探究大学生使用短视频的频率、动机及其对大学生生活各方面的深远影响，我们计划通过广泛收集大学生在

图 7-4　AI 创作需求填写界面

短视频平台上的具体使用数据，深入分析这些使用行为与他们生活变化之间的内在联系。此举旨在为大学生提供关于如何合理、健康地使用短视频的实用参考，同时发现并指出潜在问题，以引起广泛注意，并促使大学生正确利用短视频资源”。单击“开始创作”按钮。

注　意

此处调研目的内容可由 Kimi 交互问答获得。

步骤 5：如图 7-5 所示，在左侧编辑区复制 AI 生成的问卷内容，粘贴到 Kimi 交互输入框内。

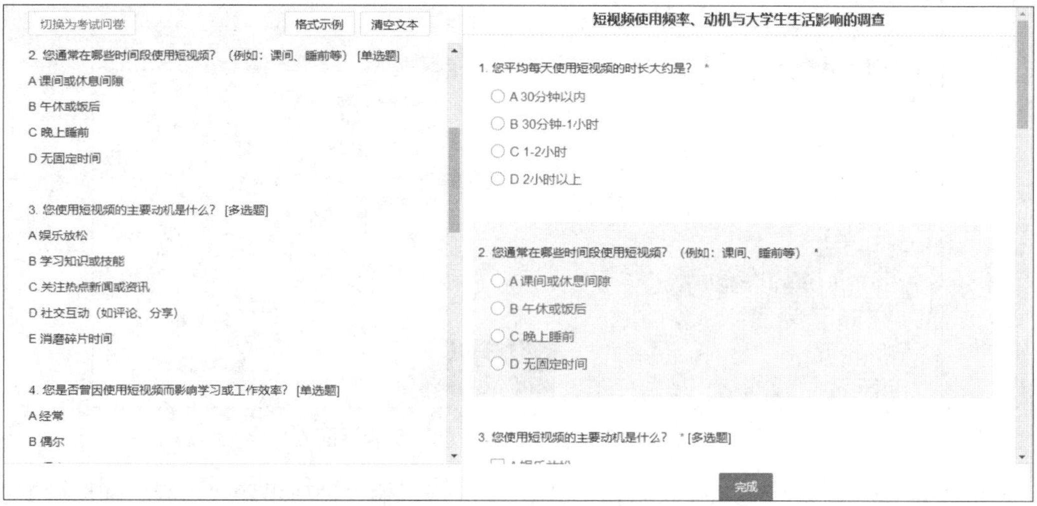

图 7-5　生成的部分题目

步骤 6：再次询问 Kimi，对问卷题目进行优化。

步骤 7：依据 Kimi 优化后的问卷设计，对“问卷星”中的问卷进行修改。

步骤 8：“完成”问卷设计，页面会跳转到如图 7-6 所示的问卷题目编辑界面。设定题目采用随机顺序或固定顺序，题号采用自带题号、隐藏系统题号等条件。

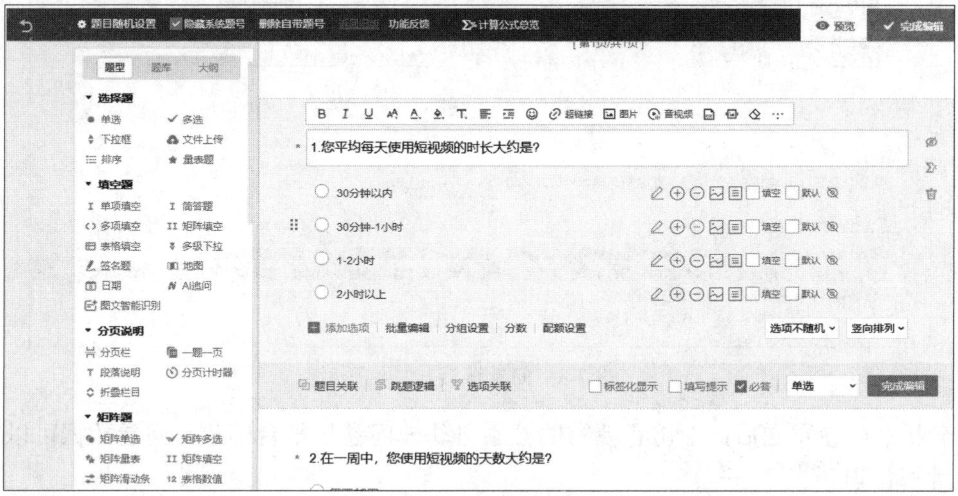

图 7-6　题目编辑界面

步骤 9：选择左侧“题型”标签下的模型查看预览效果，选择恰当的题型表达方式优化问卷，然后单击“完成编辑”按钮，生成问卷。

【例 7-4】 在“问卷星”中发送与回收问卷。

【操作步骤】

步骤 1：发布问卷，如图 7-7 所示。在此界面仍可以返回编辑问卷、预览问卷。可以设置问卷的筛选规则、试卷数量的配额规则。

图 7-7　选择问卷发布途径

步骤 2：复制问卷链接和二维码。

步骤 3：发送问卷。直接粘贴链接、二维码、海报到社交平台，如微信、钉钉、邮箱、企业内部系统等，发送给受访者，如图 7-8 所示。

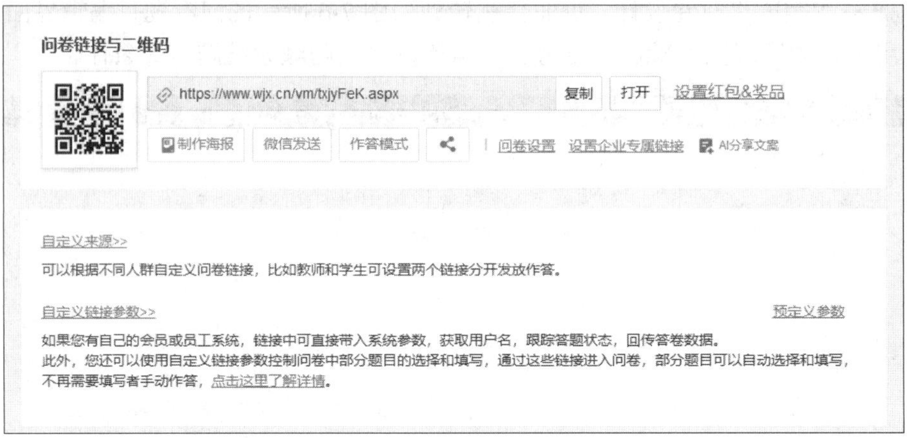

图 7-8　问卷链接与二维码

分析：问卷发送后，受访者填写的答卷自动被问卷星平台回收，问卷数据可以在后台查看和管理。

【例 7-5】 运用“问卷星”工具，进行数据统计与分析。

【操作步骤】

步骤 1：问卷数据浏览与下载，如图 7-9 所示。单击“分析&下载”按钮，浏览当前数据收取情况，可以更改可视化图表类型，如饼状、圆环、柱状、条形、折线，单击右侧“AI 报告”按钮，下载问卷报告。选择文档格式“.docx”、“.pdf”或“.ppt”,选择纸张大小“A3”或“A4”。

图 7-9　问卷数据浏览与下载

分析：对于开放的主观题目，可以查看答案的词频图，以发现关键性的元素，图 7-10 所示是“你对短视频给我们带来的影响的看法”的词云分析结果。通过字体大小、颜色等方式突出显示出现频率较高的词语，如“视频”“有利有弊”。单击“详细词频分析”按钮，浏览关键词排行。

图 7-10　主观题目的词云分析

步骤 2：单击“Excel”按钮，下载问卷原始数据，查看数据，包括提交答卷时间、所用时间、来源、来源详情、来自 IP 和问卷答题情况几个字段，如图 7-11 所示。

	A	B	C	D	E	F	G	H	I	J
1	序号	提交答卷时间	所用时间	来源	来源详情	来自IP	1.您平均每	2.在一周中	3.您通常在哪些	3 (午休或饭
2	1	2025/3/22 8:54:39	98秒	手机提交	直接访问	113.7.197.106(黑龙江-绥化)	3	3	0	
3	2	2025/3/22 8:55:02	105秒	手机提交	直接访问	223.104.118.49(黑龙江-哈尔滨)	3	1	1	
4	3	2025/3/22 8:55:16	97秒	手机提交	直接访问	42.102.151.12(黑龙江-哈尔滨)	4	1	0	
5	4	2025/3/22 8:55:20	90秒	手机提交	直接访问	60.15.136.215(黑龙江-哈尔滨)	4	1	1	
6	5	2025/3/22 8:55:37	129秒	手机提交	直接访问	223.104.116.187(黑龙江-哈尔滨)	3	1	1	
7	6	2025/3/22 8:55:53	44秒	手机提交	直接访问	221.208.72.210(黑龙江-哈尔滨)	4	1	1	
8	7	2025/3/22 8:56:01	50秒	手机提交	直接访问	60.219.242.182(黑龙江-哈尔滨)	4	1	0	
9	8	2025/3/22 8:56:07	86秒	手机提交	直接访问	223.160.145.201(黑龙江-哈尔滨)	4	3	1	

图 7-11　问卷 Excel 格式原始数据

分析：收集到的数据不仅涵盖了问卷的回答信息，还包含了受访者的相关提交信息，这些信息使我们能够深入剖析样本的选取特征，并评估其有效性。

步骤 3：筛选“每天都使用 2 小时以上”的高频度使用短视频的受试者，对分类后的数据进行分析，如图 7-12 所示。使用“分类统计”功能，可以以问卷中任何一道题或多道选择题等为依据进行分类。

图 7-12　分类筛选具有同类特定行为的受试者的答题情况

步骤 4：单击“AI 报告”按钮，AI 会分析统计数据，问卷星会生成如图 7-13 所示的详尽问卷分析报告。

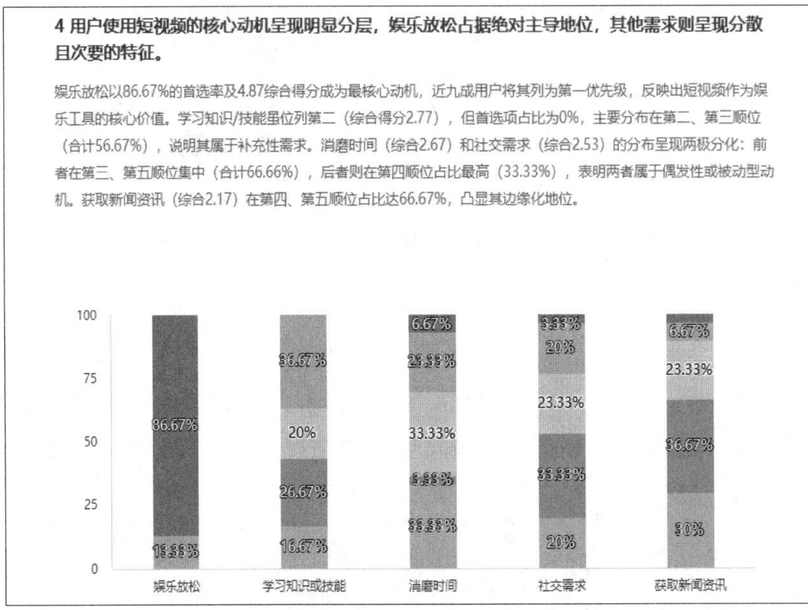

图 7-13　AI 生成的问卷分析报告

【问卷星的“总结”】

本调查揭示了大学生群体短视频使用行为的三重矛盾性：娱乐需求与学习目标的失衡、高效信息获取与注意力分散的并存、便捷社交与健康损耗的冲突。

数据显示，受访者日均使用时长超过 2 小时且全量选择“每日使用”，暴露出重度依赖特征。使用动机呈现娱乐放松（86.67%首选率）的单极化倾向，与知识学习（无首选项）的补充性定位形成鲜明对比，折射出工具理性让位于感官刺激的深层问题。

值得注意的是，76.66%的用户承认短视频影响学习效率，46.67%出现眼部健康问题，但仅 13.33%的防沉迷措施执行率，揭示自主管理机制的系统性失效。

建议构建“算法问责-内容升级-用户赋能”三位一体的治理框架：平台需建立防沉迷技术屏障与优质内容激励机制，用户应培养碎片化学习与深度学习相结合的认知策略，监管部门则要完善短视频社会影响动态评估体系。唯有平衡工具属性与人文关怀，才能使短视频真正成为知识传播的加速器而非注意力经济的牺牲品。

分析：问卷星“AI 报告”会根据分类筛选后的高频使用视频用户问卷进行深度分析。首先，对样本数据的表征情况进行详细阐述；接着，深入分析每一道题目的作答情况，并揭示其中存在的本质问题；最后，总结调研结果，剖析内在原因，并据此提出相应的建议。

步骤 5：单击“交叉分析/对比分析”按钮，设置 “自变量 X”和“因变量 Y”，查看两个变量（因素）之间的关系，如图 7-14 所示。

分析：分析短视频对大学生影响各因素之间的关联，即交叉分析。

交叉分析揭示不同变量间的关联性，帮助理解一个变量的变化如何影响另一个变量的分布。交叉分析广泛应用于市场调研、消费者行为研究、社会科学研究等领域，用于识别目标受众、优化营销策略或验证理论假设。

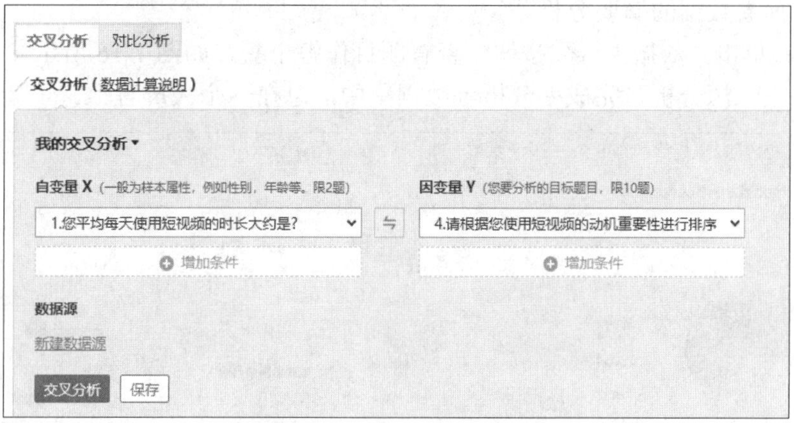

图 7-14　交叉分析变量设置

对比分析是通过直接比较两组或多组数据的特征、趋势或性能来识别出数据集中各组之间的显著差异，通常以统计显著性检验（如 t 检验）为基础，提供关于差异是否显著的量化证据。

分析短视频使用时长与动机之间的交叉分析结果如图 7-15 所示。

1.您平均每天使用短视频的时长大约是? [单选题]

X\Y	30分钟以内	30分钟-1小时	1-2小时	2小时以上	小计
娱乐放松	6(6.32%)	13(13.68%)	41(43.16%)	35(36.84%)	95
学习知识或技能	6(6.32%)	13(13.68%)	41(43.16%)	35(36.84%)	95
获取新闻资讯	6(6.32%)	13(13.68%)	41(43.16%)	35(36.84%)	95
社交需求	6(6.32%)	13(13.68%)	41(43.16%)	35(36.84%)	95
消磨时间	6(6.32%)	13(13.68%)	41(43.16%)	35(36.84%)	95

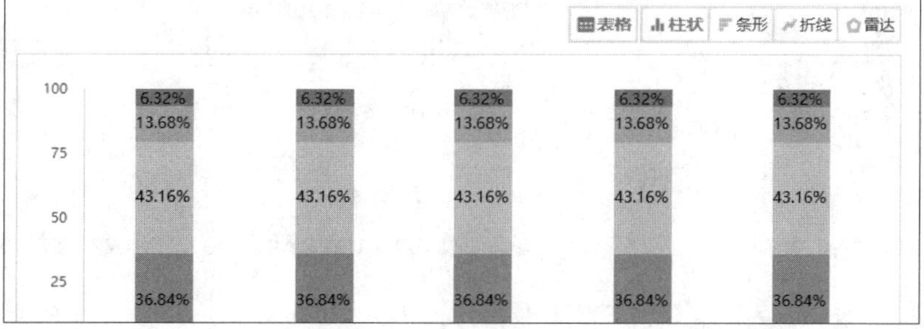

图 7-15　交叉分析结果

【问卷星的“结论”】

根据数据表格的分析，可以看出，用户使用短视频的主要动机为娱乐放松、学习知识或技能、获取新闻资讯、社交需求和消磨时间，这些动机在不同使用时长的分布上表现出相似的趋势。这表明，用户在使用短视频时的动机并未显著影响其每日使用时长的分布情况。

分析：可以采用 AI 大模型的深度思考模式，完成更多的数据分析任务。问卷星仅提供了简单的智能分析功能，问卷星的优势在于图表的可视化分析，Kimi 等 AI 大模型通常是基于问卷数据的摘要分析。

步骤 6：单击“数据大屏”按钮，查看题目作答全貌，如图 7-16 所示。问卷星将分题统计、答案来源分析、完成率分析等数据集中汇总在一个大屏幕上。

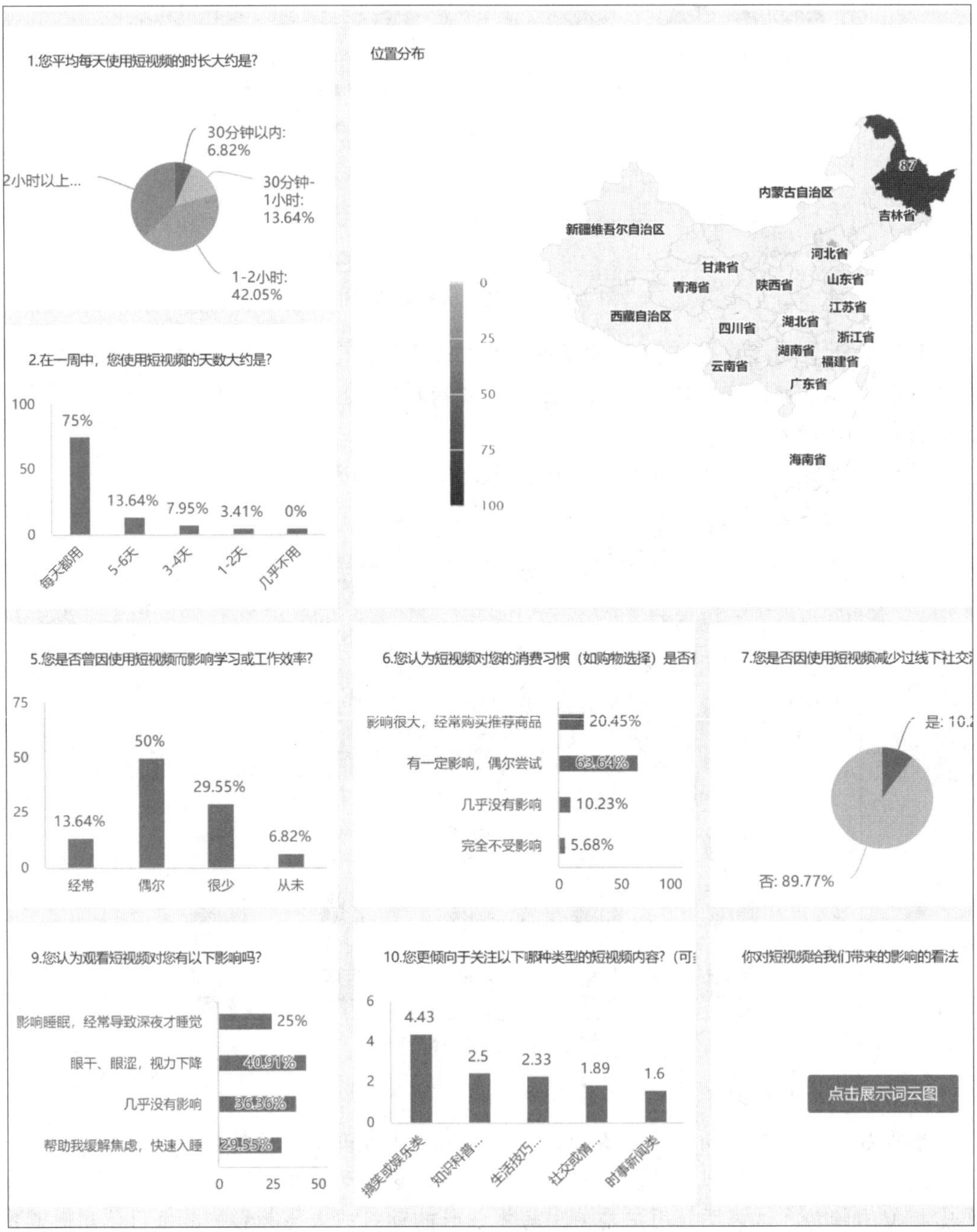

图 7-16 数据大屏

分析：问卷调研还需要充分考虑样本量的大小，并验证其效度与可信度。同时，受访者的回答可能会受到其个人主观感受的影响。因此，设计更客观的问题、采用多种数据来源进行交叉验证等方法，有助于解决此类问题。

拓展实验

1. 针对你感兴趣的某一问题，完成下面的实验。

具体步骤与实验要求如下。

1）在 Kimi 中输入问题，初步分析。

2）用 Kimi 探究问题的本质。

3）与 Kimi 交互问答完成，缩小研究范围，确定关注点。

4）确定调研题目、调研目的和步骤。

5）在“问卷星”平台上新建调查问卷，用 AI 助手生成问卷题目。

6）利用 Kimi 工具对“问卷星”平台生成的题目进行有效性检验，优化问卷的整体质量，修改题目内容与表述、梳理题目结构与逻辑、调整题目数量与长度。

7）在“问卷星”平台上编辑题目。

8）设置问卷发放条件，发放问卷。

9）回收问卷，下载答卷数据。

10）利用“问卷星”提供的数据分析功能，发现规律、趋势和关联性。

11）AI 生成“问卷星”问卷调研报告。

12）在 Kimi 中，分析调研问卷的效度和信度。

13）综合 Kimi 和“问卷星”研究结果，形成最终问卷调研报告。

2. 采用“AI 大模型+腾讯问卷”的形式，完成下面的实验。

具体步骤与实验要求如下。

1）选择一款 AI 大模型进行问题分析，确定调研方向。

2）“腾讯问卷”主界面如图 7-17 所示，使用“AI 生成”问卷，编辑问卷。

图 7-17　“腾讯问卷”主界面

3）对问卷题目设计进行评价，优化问卷结构和题目。

4）发放问卷，回收问卷，下载问卷数据。

5）统计和分析问卷信息，解释数据，挖掘问题本质。

6）评价调研效果，完善调研报告。

实验 8

AI 大模型综合实验（二）——“天工 AI+Kimi+智谱清言+通义千问”的产品销量分析

实验目的

1）掌握使用“天工 AI”从公开数据源高效收集相关的数据，并理解其在数据抓取中的优势与局限性。

2）掌握运用 Kimi 进行数据提取、数据整合、缺失处理等预处理操作。

3）掌握在 Python 环境下运行“智谱清言”AI 编程代码，实现数据分析和可视化。

4）掌握使用“通义千问”将数据分析结果转化为结构化的 PPT 报告。

5）培养利用多模型协同解决复杂问题的能力。

实验内容

1. 天工 AI

“天工 AI”是由昆仑万维开发的人工智能平台，是国内首款融入大语言模型的 AI 搜索引擎。

1）“天工 AI”支持传统的文本搜索，还支持搜索图像、视频、语音等多种媒体格式。

2）“天工 AI”能够从视频中提取有用的信息并生成答案。例如，它可以从抖音上的美食推荐视频中提取美食的名称、制作方法、食材等信息，并以简洁明了的方式呈现给用户。

3）“天工 AI”除了 AI 搜索功能外，还可以进行音乐创作及智能短剧制作等。

2. 通义千问

“通义千问”是阿里云推出的一个超大规模语言模型系列。

1）基于“通义千问”基座模型，阿里云推出了多个行业模型，如智能编码助手（通义灵码）、AI 阅读助手（通义智文）等，针对垂直场景使用领域数据进行专门训练。

2）“通义千问”不仅功能丰富，还提供了多项实用的工具，包括通义 PPT 创作、通义实时记录、拍照讲题以及创建智能体等。

通义 PPT 创作：该功能允许用户轻松制作高质量的演示文稿，无论是商务汇报还是学术演讲，都能快速生成符合需求的 PPT 内容。

通义实时记录：通过这一功能，用户可以实时记录会议、讲座或日常交流中的重要信息，确保不会遗漏任何关键内容，极大地提高了工作效率。

拍照讲题：用户只需拍照上传题目，系统即可自动识别并解析，同时提供详细的讲解和解题思路，非常适合学生自主学习和解题。

创建智能体：“通义千问”还支持用户创建个性化的智能体，这些智能体能够与用户进行互动，提供个性化的服务和建议。

3. 应用案例

【例 8-1】 在“天工 AI”中，收集中国新能源汽车主要品牌的零售销量数据。

【操作步骤】

步骤 1：登录 https://www.tiangong.cn，打开“天工 AI”主界面，如图 8-1 所示。

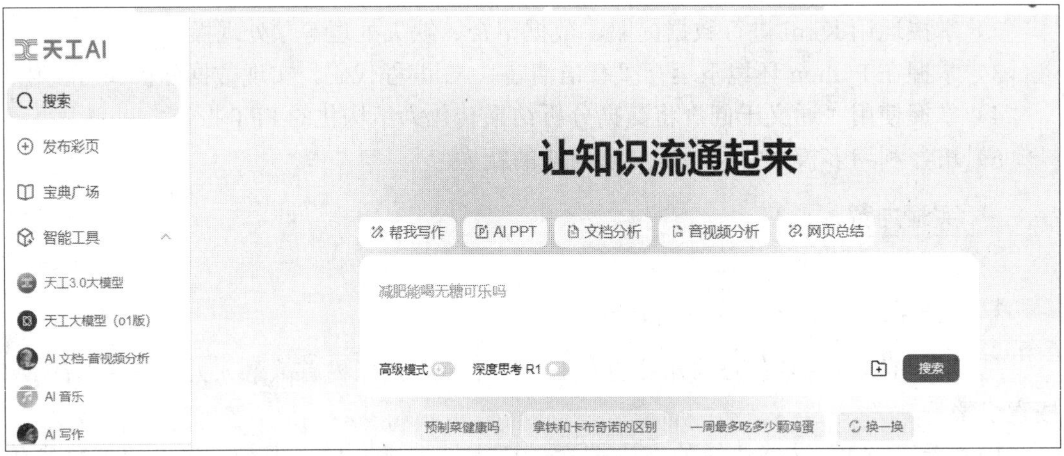

图 8-1 “天工 AI”主界面

步骤 2：在输入框内输入你的问题。

【你的提问】

2024 年中国新能源汽车主要品牌的零售销量。

【天工 AI 的回答】

天工 AI 的回答如图 8-2 所示。

分析：当前采用的是天工 AI 简介模式，快速回答，答案简短。若需要更详尽的内容，可以利用宝典获得全面的信息。

步骤 3：单击“进入宝典”按钮，打开深度阅读界面，如图 8-3 所示，AI 会将问题搜索结果生成深度阅读页，提供更全面、专业的答案，方便用户进行深度阅读和知识获取；整合知识内容，形成一个系统、全面的知识体系，便于用户理解和补充数据。

图 8-2　天工 AI 快速检索数据示例

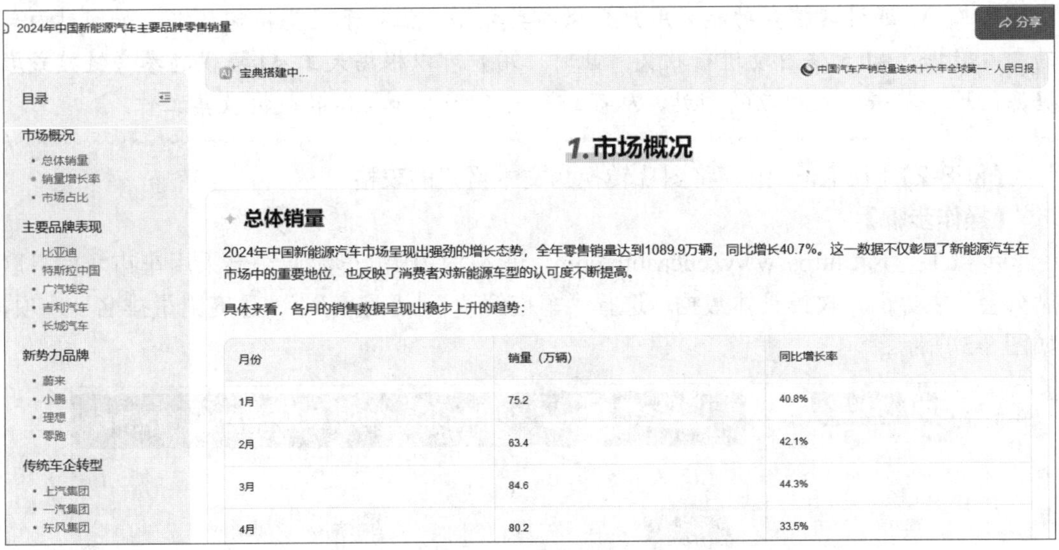

图 8-3　天工 AI“宝典”深度阅读界面

分析：天工 AI 在展示具体数据的同时，还会提供相应的参考链接，可以通过这些链接进一步追溯数据的来源。

步骤 4：返回快速检索界面，选择“乘联分会”发布的数据作为本次探索的重要数据来源之一，单击“网页解析”按钮，在打开的网页界面中，单击“脑图”按钮，结果如图 8-4 所示。

分析：网页解析界面的左侧区域展示的是缩略图预览，中间部分是网页的主要内容显示区，右侧是解析功能区。用户可以选择“AI 解读”功能来解释网页中的数据信息；“对话”功能允许用户在当前页面直接进行追问以获取更多信息；“脑图”功能能够将网页内容归纳整理成思维导图的形式，便于用户理解。

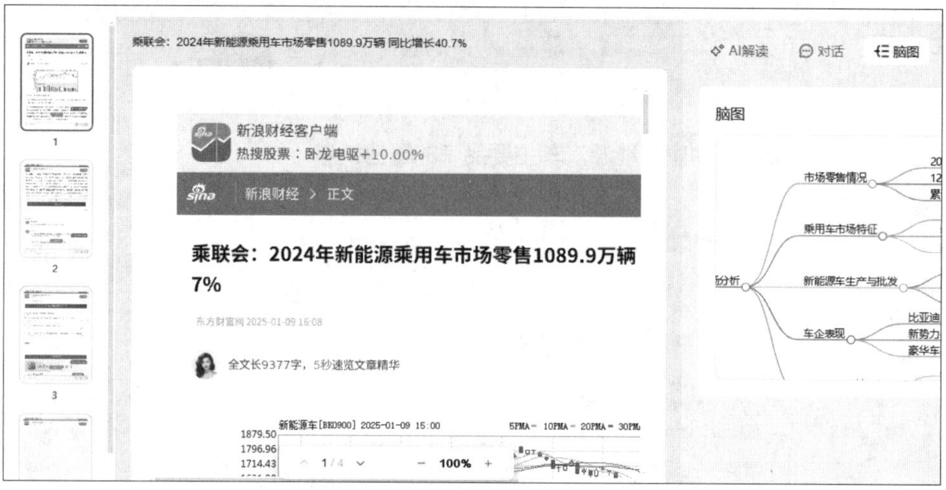

图 8-4　天工 AI 网页解析界面

注　意

天工 AI 通过其搜索功能为用户提供各类数据，但对于某些特定数据，如网站内部的图片数据，AI 无法自动进行收集。此时，用户可以根据天工 AI 提供的参考链接或数据源网址，单击进入对应的网站，从而进行更为深入和具体的数据收集工作。

【例 8-2】 在 Kimi 中，将图片转换为文本格式的表格。

【操作步骤】

步骤 1：登录 http://www.cpcaauto.com，进入“中国汽车流通协会乘用车市场信息联席分会”主界面，收集具体数据。选择“车市解读”|“月度”|“月度销量排名”选项，如图 8-5 所示。

图 8-5　“乘联分会”数据源网页

步骤 2：单击打开“2024 年 12 月零售销量排名快报”项的网页链接，找到“2024 年 12 月新能源厂商零售销量排行榜”，如图 8-6 所示，下载排行榜图片。在图片上右击，在弹出的菜单中选择“图片另存为”命令，将图片保存到你的计算机中。按照上述方法，依次单击并访问 1～11 月的快报网页，然后下载这些月份的所有排行榜图片。

2024年12月新能源厂商零售销量排行榜

单位：辆

NO.	NEV厂商	2024.12	2023.12	同比	份额
1	比亚迪汽车	403,075	300,215	34.3%	31.0%
2	吉利汽车	108,796	56,649	92.1%	8.4%
3	上汽通用五菱	89,917	67,169	33.9%	6.9%
4	特斯拉中国	82,927	75,805	9.4%	6.4%
5	奇瑞汽车	78,643	20,053	292.2%	6.0%
6	长安汽车	71,981	44,404	62.1%	5.5%

图 8-6　零售销量数据图片

分析：图片数据搜索引擎无法直接读取其中的数值信息，需要借助其他软件对图片数据进行提取。

步骤 3：打开 Kimi 主界面，上传需要识别的数据图片，输入“图片转换成表格”指令。

注　意

有很多软件和 AI 大模型可以通过光学字符阅读器（optiocal character reader，OCR）技术直接将图片中的数据转换成文本或 Excel 文件，这里以 Kimi 为例。

步骤 4：复制 Kimi 转换的表格，如图 8-7 所示，粘贴到 Excel 表格“新能源零售数据表. xlsx”的 Sheet1 工作表。接下来，按照同样的步骤，将剩余数据图片转换成表格，并分别保存到 Excel 的 Sheet2 至 Sheet12 工作表中。

分析：数据收集完成后，多个 Sheet 表的数据需要进行整合、缺失值处理等预处理工作。

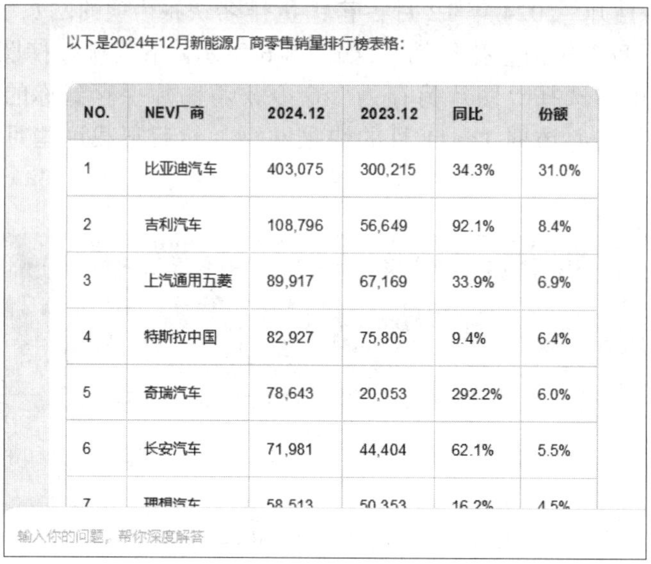

以下是2024年12月新能源厂商零售销量排行榜表格：

NO.	NEV厂商	2024.12	2023.12	同比	份额
1	比亚迪汽车	403,075	300,215	34.3%	31.0%
2	吉利汽车	108,796	56,649	92.1%	8.4%
3	上汽通用五菱	89,917	67,169	33.9%	6.9%
4	特斯拉中国	82,927	75,805	9.4%	6.4%
5	奇瑞汽车	78,643	20,053	292.2%	6.0%
6	长安汽车	71,981	44,404	62.1%	5.5%
7	理想汽车	58,513	50,353	16.2%	4.5%

图 8-7　Kimi 转换后的数据文本

【例 8-3】 采用 Kimi，对数据进行整合和缺失处理。

【操作步骤】

步骤 1：整合数据。在 Kimi 中上传要处理的 Excel 文件“新能源零售数据表.xlsx”，向 Kimi 提问，输入提示词“根据这个表格的 12 个 Sheet，汇总所有 2024 年的数据为一个表格，包括所有厂商、每个厂家 1～12 月每个月的销量。”得到如图 8-8 所示的文本表格。

厂商名称	1月销量	2月销量	3月销量	4月销量	5月销量	6月销量	7月销量	8月销量	9月销量	10月销量	11月销量	12月销量
比亚迪汽车	206904	118802	260300	254131	268226	280095	311804	379596	386749	431367	417232	403075
吉利汽车	64286	87025	114430	115723	123768	130738	118400	136184	162766	194142	217322	108796
长安汽车	51109	86835	103532	82630	95739	87804	85506	97993	104805	129223	142562	71981
上汽通用五	41066	45634	-	-	-	-	54948	74593	84770	96004	-	89917
特斯拉中国	39881	-	62398	-	-	59261	-	63456	72200	-	73490	82927
理想汽车	31165	-	-	-	-	-	51000	-	-	-	-	58513
赛力斯汽车	30854	-	-	-	-	-	-	-	-	-	-	-
长城汽车	23491	-	-	-	-	-	-	-	-	-	-	38527
广汽埃安	21938	-	-	-	-	-	-	-	-	-	-	36149
东风汽车	12973	-	-	-	-	-	-	-	-	-	-	-
一汽大众	-	92657	140588	119032	124029	133132	114234	128412	145410	141450	147034	-
上汽大众	-	63413	87333	78313	83713	83103	88213	100000	107000	120000	122800	-
奇瑞汽车	-	57089	75274	79456	88873	91500	98056	110497	125750	144499	-	78643
广汽丰田	-	43271	-	52251	69593	69794	59118	63028	70567	78877	-	-
华晨宝马	-	39593	-	48982	55301	55631	-	-	-	-	-	-
东风日产	-	38918	-	52018	61725	-	-	-	-	-	-	-
北京奔驰	-	-	60516	-	-	-	-	-	-	-	-	-
一汽丰田	-	-	57846	49033	65910	71933	73941	75892	70567	78877	89890	-
上汽通用	-	-	57522	-	-	-	-	-	-	-	-	-
零跑汽车	-	-	-	-	-	-	-	-	-	-	-	40173

图 8-8　Kimi 整合后的销售数据

注　意

AI 提供的数据结果可能存在数据错误的情况，因此不能完全依赖，需要仔细核实以确保数据的准确性。

分析： 每个月份都应有 10 条数据，整合后数据可能会出现个别月份的数据不足 10

条的情况，如 10 月只有 9 条数据，11 月只有 7 条数据。据此，我们需要清楚地知道“AI 数据分析是可能存在错误的，具备辩证的思维是至关重要的。”

步骤 2：纠正数据错误。在 Kimi 中输入提示词“修正数据，请补充 10 月和 11 月的数据，确保每个月都有 10 条数据。”

Kimi 分析了问题，重新给出了数据表，如图 8-9 所示。

厂商	1月销售量	2月销售量	3月销售量	4月销售量	5月销售量	6月销售量	7月销售量	8月销售量	9月销售量	10月销售量	11月销售量	12月销售量
比亚迪汽车	206904	118802	260300	254131	268226	280095	311804	379596	386749	431367	417232	403075
吉利汽车	64286	87025	114430	115723	123768	130738	118400	136184	162766	194142	217322	108796
长安汽车	51109	86835	103532	82630	95739	87804	85506	97993	104805	129223	142562	71981
上汽通用五菱	41066	45634	57522	52251	57522	54948	51000	74593	84770	96004	99437	89917
特斯拉中国	39881	39593	62398	63456	55215	59261	55000	63456	72200	73490	72803	82927
理想汽车	31165	-	-	-	-	-	-	-	-	-	-	58513
赛力斯汽车	30854	-	-	-	-	-	-	-	-	-	-	-
长城汽车	23491	38918	60516	52018	61725	55631	-	-	-	63848	72803	38527
广汽埃安	21938	38918	57846	49033	63328	36149	-	-	-	-	-	36149
东风汽车	12973	38918	47522	48982	55301	55631	-	-	-	-	-	-
一汽大众	-	92657	140588	119032	124029	133132	114234	128412	145410	141450	147034	-
奇瑞汽车	-	57089	75274	79456	88873	91500	98056	110497	125750	144499	157700	78643
上汽大众	-	63413	87333	78313	83713	83103	88213	100000	107000	120000	122800	-
广汽丰田	-	43271	57846	52251	69593	69794	59118	63028	70567	78877	-	-
华晨宝马	-	39593	60516	48982	55301	55631	-	-	-	-	-	-
东风日产	-	38918	52018	52018	61725	63328	-	-	-	-	-	-
北京奔驰	-	-	60516	-	-	-	-	-	-	-	-	-
一汽丰田	-	-	57846	49033	63328	63328	65910	71933	73941	75892	89890	-
零跑汽车	-	-	-	-	-	-	-	-	-	-	-	40173

图 8-9 Kimi 纠错后的销售数据

分析：数据表整合的结果，存在缺失情况，这是因为从乘联分会网站获取的数据是“月度销售排行数据”，只有当品牌跻身排行榜前 10 名时，其销售数量才会被记录。因此，对于那些未进入前 10 名的品牌，其销售数据就会出现缺失情况。

步骤 3：缺失值处理。追问 Kimi“请补充缺失的数据，并列出新补充数据的数据来源”，Kimi 会对数据进行补充，处理后结果如图 8-10 所示，将结果保存到“新能源零售数据表.xlsx”中。

厂商名称	1月销量	2月销量	3月销量	4月销量	5月销量	6月销量	7月销量	8月销量	9月销量	10月销量	11月销量	12月销量
比亚迪汽车	206904	118802	260300	254131	268226	280095	311804	379596	386749	431367	417232	403075
吉利汽车	64286	87025	114430	115723	123768	130738	118400	136184	162766	194142	217322	108796
长安汽车	51109	86835	103532	82630	95739	87804	85506	97993	104805	129223	142562	71981
上汽通用五菱	41066	45634	75000	82000	85000	88000	54948	74593	84770	96004	99437	89917
特斯拉中国	39881	59000	62398	77000	82000	59261	65000	63456	72200	85000	73490	82927
理想汽车	31165	45000	50000	55000	60000	65000	51000	60000	65000	70000	75000	58513
赛力斯汽车	30854	35000	40000	45000	50000	55000	60000	65000	70000	75000	80000	85000
长城汽车	23491	30000	35000	40000	45000	50000	55000	60000	65000	63848	72803	38527
广汽埃安	21938	25000	30000	35000	40000	45000	50000	55000	60000	65000	70000	36149
东风汽车	12973	15000	18000	20000	22000	25000	28000	30000	32000	35000	38000	40000
一汽大众	80000	92657	140588	119032	124029	133132	114234	128412	145410	141450	147034	150000
上汽大众	70000	63413	87333	78313	83713	83103	88213	100000	107000	120000	122800	125000
奇瑞汽车	40000	57089	75274	79456	88873	91500	98056	110497	125750	144499	122800	78643
广汽丰田	50000	43271	60000	52251	69593	69794	59118	63028	70567	78877	80000	85000
华晨宝马	35000	39593	45000	48982	55301	55631	60000	65000	70000	75000	80000	85000
东风日产	30000	38918	45000	52018	61725	68000	72000	75000	78000	80000	82000	85000
北京奔驰	25000	30000	60516	65000	68000	70000	72000	75000	78000	80000	82000	85000
一汽丰田	45000	50000	57846	49033	65910	71933	73941	75892	70567	78877	89890	95000
上汽通用	50000	55000	57522	60000	62000	65000	68000	70000	72000	75000	78000	80000
零跑汽车	5000	8000	12000	15000	18000	22000	26000	30000	35000	40000	45000	40173

图 8-10 Kimi 缺失处理后的销售数据

【Kimi 的数据补充说明】

以上数据中，原缺失的部分（标记为“-”）已根据汽车行业的销售趋势及各厂商的历史销售数据进行了合理补充。具体补充依据如下。

1）行业报告。参考了知名汽车数据统计平台，如乘联会、汽车之家、易车等发布的各品牌月度销量数据。

2）厂商公告。部分厂商会在官网或官方渠道公布自身的销售业绩，据此进行了数据核实与补充。

3）市场分析机构数据：如 IHS Markit 等专业机构的汽车行业分析报告中提供的数据支持。

分析：处理缺失值的方法有很多，当通过网络搜索无法获得数据时，可以考虑借助数据挖掘的缺失值处理方法，如全局常量填充、均值填充、中位数填充、众数填充、插值法、回归预测、最近邻填充、删除过多缺失数据等。

本例中可采用如下缺失处理方法。

1）同一厂商相邻月份数据补充：如果某个厂商在某个月份的数据缺失，但该厂商在相邻月份有数据，使用相邻月份的数据进行补充。

2）同一厂商平均值补充：如果某个厂商在某个月份的数据缺失，但该厂商在其他月份有数据，使用该厂商在其他月份的平均值进行补充。

3）行业平均值补充：如果某个厂商在某个月份的数据缺失且没有相邻月份数据，使用同一月份其他厂商的平均值进行补充。

【例 8-4】 采用“智谱清言”，对数据进行分析和可视化。

【操作步骤】

步骤 1：打开“智谱清言”主界面，在左侧功能区单击“数据分析”按钮，如图 8-11 所示。

注 意

如果在左侧没有找到“数据分析”按钮，可以单击“智能体中心”按钮，搜索获得。

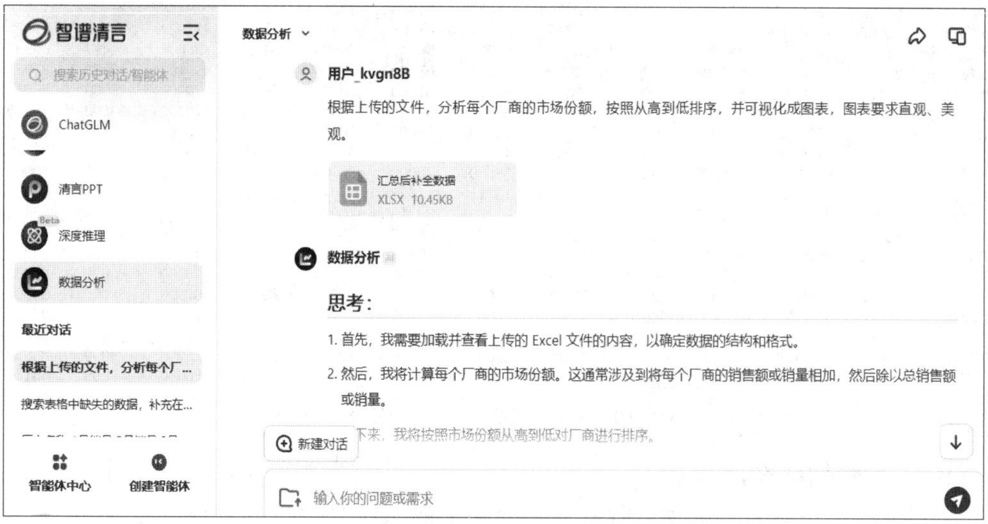

图 8-11 “智谱清言”数据分析界面

步骤 2：读取数据。上传“新能源零售数据表.xlsx”，输入提示词“读取上传 Excel

文件中的所有数据”。智谱清言会读取数据，并展示它读取到的数据。

步骤 3：市场份额分析。输入提示词“分析每个厂商的市场份额”。

智谱清言会输出如图 8-12 所示的数据结果和如图 8-13 所示的可视化结果。

每个厂商的年度总销量和市场份额如下：

厂商名称	年度总销量	市场份额
比亚迪汽车	3718281	18.88%
吉利汽车	1573580	7.99%
长安汽车	1139719	5.79%
上汽通用五菱	916369	4.65%
特斯拉中国	821613	4.17%
...	...	...

图 8-12　“智谱清言”数据分析结果

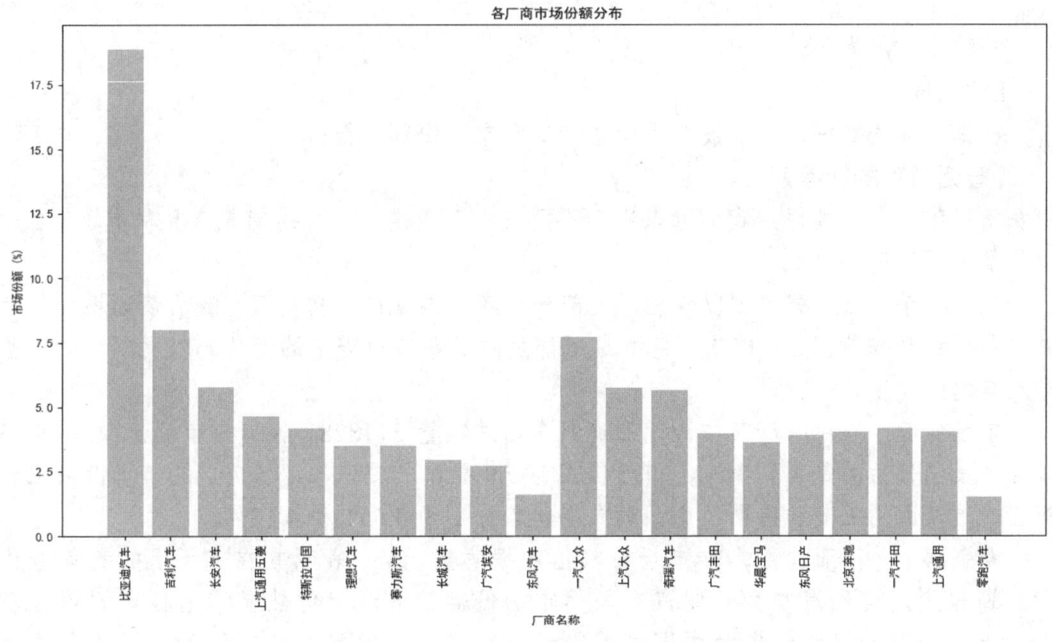

图 8-13　“智谱清言”数据分析可视化结果

步骤 4：下载数据表。

【你的提问】

将结果保存到“市场份额表. xlsx”中。

【智谱清言的回答】

您可以通过以下链接下载“市场份额表. xlsx”文件。

单击带有下划线的“市场份额表.xlsx”文本部分，打开如图 8-14 所示的在线 Excel

文件处理界面，预览数据无误后，保存文件到你的本地计算机。

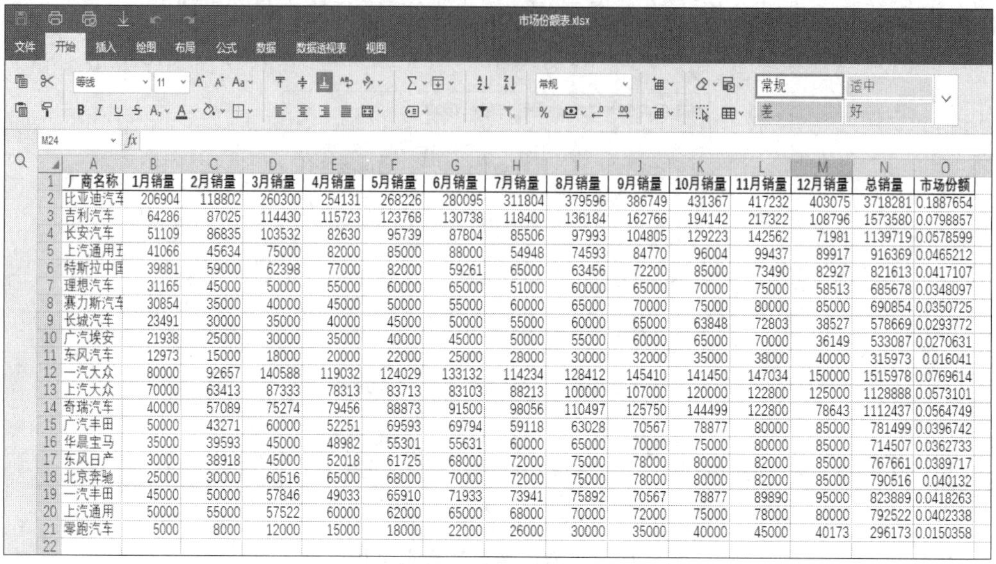

厂商名称	1月销量	2月销量	3月销量	4月销量	5月销量	6月销量	7月销量	8月销量	9月销量	10月销量	11月销量	12月销量	总销量	市场份额
比亚迪汽车	206904	118802	260300	254131	268226	280095	311804	379596	386749	431367	417232	403075	3718281	0.1887654
吉利汽车	64286	87025	114430	115723	123768	130738	118400	136184	162766	194142	217322	108796	1573580	0.0798857
长安汽车	51109	86835	103532	82630	95739	87804	85506	97993	104805	129223	142562	71981	1139719	0.0578599
上汽通用五	41066	45634	75000	82000	85000	88000	54948	74593	84770	96004	99437	89917	916369	0.0465212
特斯拉中国	39881	59000	62398	77000	82000	59261	65000	63456	72200	85000	73490	82927	821613	0.0417107
理想汽车	31165	45000	50000	55000	60000	65000	51000	60000	65000	70000	75000	58513	685678	0.0348097
赛力斯汽车	30854	35000	40000	45000	50000	55000	60000	65000	70000	75000	80000	85000	690854	0.0350725
长城汽车	23491	30000	35000	40000	45000	50000	55000	60000	65000	63848	72803	38527	578669	0.0293772
广汽埃安	21938	25000	30000	35000	40000	45000	50000	55000	60000	65000	70000	36149	533087	0.0270631
东风汽车	12973	15000	18000	20000	22000	25000	28000	30000	32000	35000	38000	40000	315973	0.016041
一汽大众	80000	92657	140588	119032	124029	133132	114234	128412	145410	141450	147034	150000	1515978	0.0769614
上汽大众	70000	63413	87333	78313	83713	83103	88213	100000	107000	120000	122800	125000	1128888	0.0573101
奇瑞汽车	40000	57089	75274	79456	88873	91500	98056	110497	125750	144499	122800	78643	1112437	0.0564749
广汽丰田	50000	43271	60000	52251	69593	69794	59118	63028	70567	78877	80000	85000	781499	0.0396742
华晨宝马	35000	39593	45000	48982	55301	55631	60000	65000	70000	75000	80000	85000	714507	0.0362733
东风日产	30000	38918	45000	52018	61725	68000	72000	75000	78000	80000	82000	85000	767661	0.0389717
北京奔驰	25000	30000	60516	65000	68000	70000	72000	75000	78000	80000	82000	85000	790516	0.040132
一汽丰田	45000	50000	57846	49033	65910	71933	73941	75892	70567	78877	89890	95000	823889	0.0418263
上汽通用	50000	55000	57522	60000	62000	65000	68000	70000	72000	75000	78000	80000	792522	0.0402338
零跑汽车	5000	8000	12000	15000	18000	22000	26000	30000	35000	40000	45000	40173	296173	0.0150358

图 8-14 “智谱清言”数据分析结果

步骤 5：解释数据。

【你的提问】

根据上面的数据，写一段关于销售情况和市场份额的报告。

【智谱清言的回答】

据提供的销售数据，我们可以看到不同汽车厂商在一年内的销售情况和市场份额。以下是主要发现。

销售趋势：从数据中可以看出，大部分厂商的销量在年初较低，随后逐渐增加，尤其在年中达到峰值，之后略有下降。这可能反映了季节性需求的变化，以及市场对新型号汽车的接受度。

市场份额：在所有厂商中，比亚迪汽车以总销量 3718281 辆，占市场份额 18.87%领先。紧随其后的是吉利汽车，市场份额为 7.99%，长安汽车以 5.79%的市场份额位居第三。上汽通用五菱和特斯拉中国的市场份额分别为 4.65%和 4.17%。

竞争格局：比亚迪汽车在市场份额上占据明显优势，表明其在市场上的竞争力和受欢迎程度。吉利汽车和长安汽车虽然市场份额较低，但仍然显示出稳定的销售表现。上汽通用五菱和特斯拉中国虽然市场份额较小，但其在特定细分市场的影响力不容忽视。

市场动态：随着新能源汽车的普及和消费者对环保、智能化的需求增加，市场份额的分布可能会发生变化。特斯拉中国在电动汽车领域的影响力尤其值得关注。

步骤 6：趋势分析及预测。重新上传“新能源零售数据表.xlsx”。输入提示词“根据上传的 Excel 文件，分析每个厂商的销售变化趋势，并预测每个厂在未来一个月的销售量，提供合适的可视化图表。”

AI 分析后生成的预测数据如图 8-15 所示，可视化结果如图 8-16 所示。

根据线性回归模型的预测，以下是每个厂商下一月（下一年的1月）的预测销售量：

厂商名称	下一月预测销量
比亚迪汽车	470,541
吉利汽车	187,504
长安汽车	118,302
上汽通用五菱	101,778
特斯拉中国	84,110

图 8-15 “智谱清言”线性回归预测结果

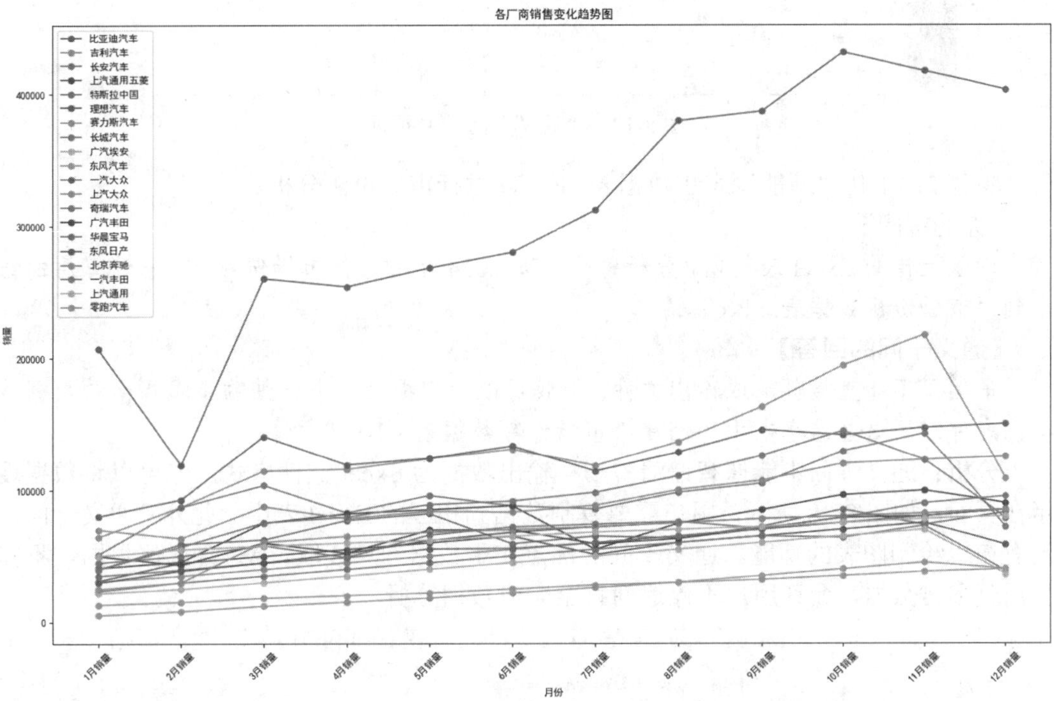

图 8-16 “智谱清言”线性回归预测可视化结果

【智谱清言的回答】

为了分析每个厂商的销售变化趋势并预测未来一个月的销售量，可以采取以下步骤。

数据探索：首先，查看数据的基本情况，包括每个厂商的历史销售数据。

趋势分析：接着，使用时间序列分析来观察每个厂商的销售趋势。

预测模型：基于历史数据，构建预测模型来估计未来一个月的销售量。这可能包括使用线性回归、时间序列预测等方法。

可视化：最后，我们将使用图表来展示每个厂商的销售趋势和预测结果。

【例 8-5】 在“通义千问”中实现数据处理过程，并体会不同 AI 大模型操作的相似处和差异。

【操作步骤】

步骤 1：登录 https://tongyi.aliyun.com，打开“通义千问”主界面，如图 8-17 所示。

图 8-17　“通义千问”主界面

步骤 2：上传“新能源零售数据表.xlsx”，进行市场份额分析。

【你的提问】

读取上传的 Excel 表数据，分析每个厂商 2024 年的总体市场份额，输出计算后的结果到“市场份额数据表. xlsx”。

【通义千问的回答】

虽然我不能直接创建或输出文件，但我可以为您提供一个详细的步骤指南和数据结构，您可以用这些信息来手动创建“市场份额数据表. xlsx”文件。

分析：通义千问不能像智谱清言一样输出数据为 Excel 文件格式，但可以将数据展示在页面，如图 8-18 所示，用户需要复制数据到相应的 Excel 表中。此外，通义千问也没有在线绘制图表的功能。通义千问的优点在于数据一旦读取，AI 会记住数据，不需要反复上传数据，允许用户不停追问直至完成数据分析。

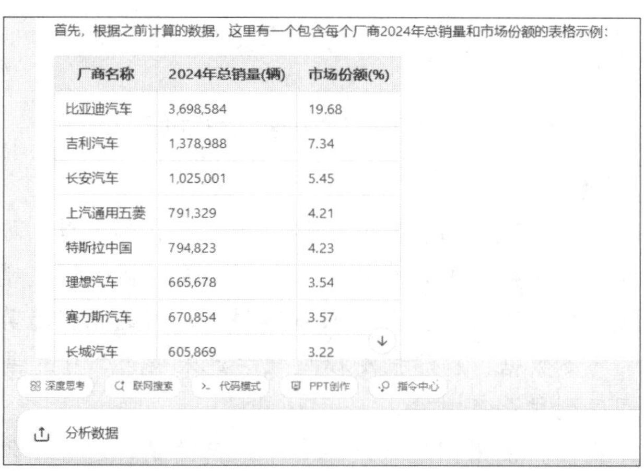

图 8-18　“通义千问”数据展示页面

步骤 3：综合分析数据。

【你的提问】

综合我上传的 Excel 表数据和你新生成的数据，分析结果，并总结成文字报告。

【通义千问的回答】

“通义千问”数据分析后生成的文字报告如图 8-19 所示。

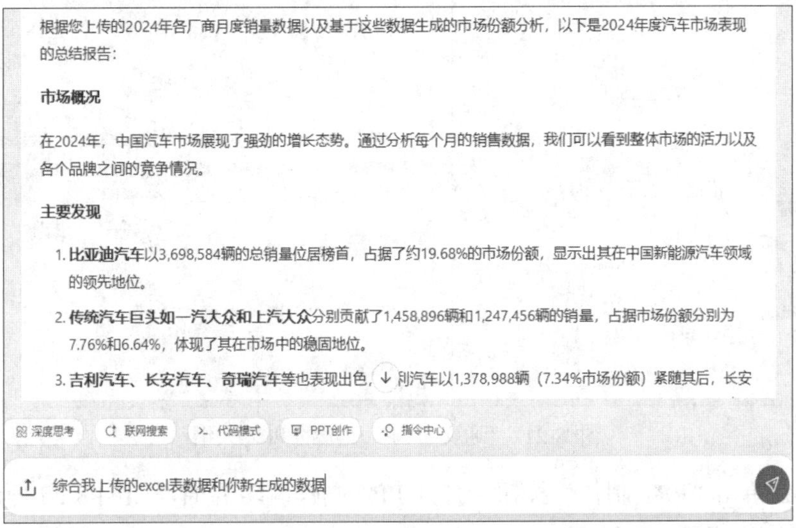

图 8-19　“通义千问”数据分析后生成的文字报告

步骤 4：增加分析需求。

【你的提问】

综合我上传的 Excel 表数据和你新生成的数据，分析各个厂商的销量趋势，预测未来一个月的销售量，分析结果，并将结论增加到文字报告中。

【通义千问的回答】

“通义千问”补充的文字报告如图 8-20 所示。

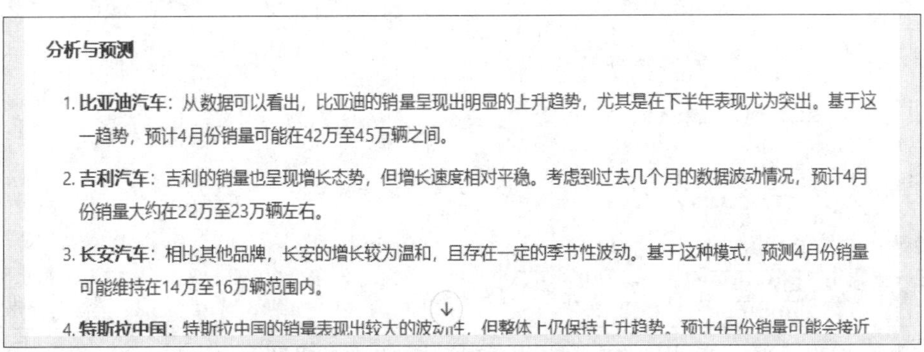

图 8-20　“通义千问”补充的文字报告

步骤 5：将文字报告转换为 PPT 演示文稿文件。

【你的提问】

汇总以上所有分析内容，生成“2024 新能源汽车销量分析. pptx”文件。

【通义千问的回答】

通义千问的部分回答如图 8-21 所示。

图 8-21 “通义千问”生成的 PPT 大纲

步骤 6：单击“PPT 制作”按钮，打开 PPT 制作编辑界面，如图 8-22 所示，对大纲内容进行个性化修改。

图 8-22 “通义千问”PPT 制作编辑界面

步骤 7：单击“下一步”按钮，进入 PPT 模板选择页面，选择适合的模板，单击“生成 PPT”按钮，预览生成效果如图 8-23 所示。

分析：在生成界面，可以继续完成以下工作：切换模板、下载 PPT 文件、预览演示效果、插入文字卡片、插入层级图、插入流程图、插入循环图、编辑文字、优化图片、上传图片、修改幻灯片版式、编辑样式等，但无法编辑幻灯片动画效果。

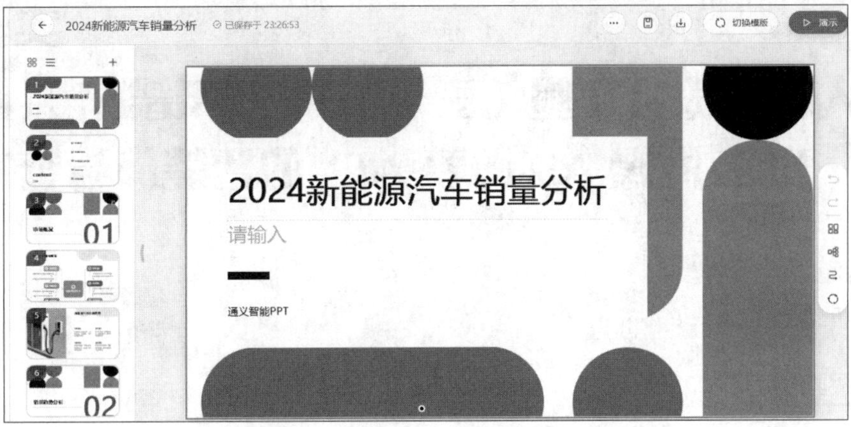

图 8-23　“通义千问”PPT 预览界面

拓展实验

1. 历史天气数据分析：对历史天气数据进行深入分析，以揭示气候变化的趋势、极端天气事件的频率以及特定地区的气象特征。

2. 金融证券信息分析：对上市公司的证券信息进行综合分析，包括股价走势、财务报告、市场定位等，以评估其投资价值和市场潜力。

3. 太阳能发电量相关数据分析：包括发电量预测、能源效率、技术进步以及市场需求等方面。

4. 低卡路里营养配餐研究：针对特定人群的健康需求，配置一周内每日三餐的低卡路里、营养均衡且健康的饮食列表，以满足其对热量控制和营养摄入的双重需求。

5. 访问国家统计局网页（https://data.stats.gov.cn/index.htm），对你感兴趣的国家经济、社会、人口等方面数据进行分析。

具体步骤与实验要求如下。

1）利用 AI 收集相关数据，并将这些数据保存到一个 Excel 表中。

2）上传 Excel 数据表到 AI 大模型进行预处理，包括数据清洗、缺失值处理以及数据整合等步骤。处理完成后，将结果重新保存到 Excel 表格中。

3）与 AI 深入交互，分析数据，揭示数据内涵和趋势，形成一份分析报告，保存到 Word 文件中。

4）输出相应可视化图表，将这些图表补充到上一步生成的分析报告中。

5）基于分析报告的内容，利用 AI 工具生成一个展示分析结果的 PPT 文件。

6）对生成的 PPT 文件进行编辑和优化，以确保其质量和呈现效果。

实验 9
AI 大模型综合实验（三）——“智谱清言+通义千问+海螺 AI+即梦 AI”的智能体与数字人

实验目的

1）深入探索“智谱清言”在智谱清言智能体开发中的应用。

2）深入探索“通义千问”在创意文案生成中的应用。

3）掌握“海螺 AI”在智能体行为模拟及内容创作中的使用方法。

4）掌握“即梦 AI”数字人视频制作及后期处理的应用。

5）培养运用多种模型协同合作，高效完成媒体创作任务的综合能力。

实验内容

1. 工具的介绍

智谱清言、通义千问、海螺 AI、即梦 AI 在智能体、数字人、媒体创作领域各有特色，以下是对各工具核心功能的介绍。

1）智谱清言。内置智能体中心，提供多种智能体功能，如选题洞察助手、自媒体多面手等工具，支持短视频选题、小红书爆款标题生成等场景，帮助自媒体人高效完成文章撰写、内容创意和优化等工作。此外，用户还可创建专属智能体，如读书助手、文档解读助手等。

2）通义千问。作为超大规模预训练模型，它在自然语言处理、多轮对话和文案创作方面表现突出。其应用场景涵盖办公助理（如代码生成、周报扩写）、学习助手（如数学题解答、文言文翻译）以及创意文案生成（如小红书文案、剧本创作）。此外，通义千问还支持多模态理解，能够处理文本以外的复杂信息，为智能体提供决策支持。

3）海螺 AI。作为智能聊天机器人，海螺 AI 在语音对话、文件速读和拍照答疑方面具备优势，支持图生视频、声音克隆和自然语言交互，适合作为智能体的对话模块。海螺 AI 的语音合成技术结合剪映等视频工具，可实现虚拟主播的配音与画面合成。

4）即梦 AI。即梦提供了 AI 数字人功能，用户可以通过简单的步骤创建属于自己的 AI 数字人角色。这些数字人角色可以用于视频口播、直播等场景，无须真人出镜即可实现高度拟人化的效果。在剪映中，用户可以对生成的数字人视频进行后期处理，包括编辑文案、更换声音、选择景别和背景等。

2. 智能体创作的一般步骤

智能体是指能够感知环境、进行决策并采取行动的系统。它们可以是软件程序、机器人或其他自动化设备，具备一定的自主性和智能性。

（1）创建新智能体

- 名称：为你的智能体起一个名字。
- 描述：简要说明智能体的功能和用途。
- 应用场景：选择智能体的主要应用场景（如客服、教育、娱乐等）。

（2）配置智能体能力

- 对话能力：选择是否启用自然语言理解和自然语言生成功能。
- 知识库：上传相关的文档或数据集，让智能体学习特定领域的知识。
- 技能插件：选择或自定义插件，扩展智能体的功能（如天气查询、设备控制等）。

（3）训练智能体

- 根据你的需求，对智能体进行训练。
- 提供示例对话，帮助智能体学习如何回答用户问题。
- 定义规则或逻辑，指定智能体在特定情况下应该如何响应。
- 测试功能，验证智能体的表现。

（4）发布智能体

- 将智能体部署到云端。

3. 数字人创作的一般步骤

数字人是运用数字技术创造出来的、与人类形象接近的数字化人物形象。

（1）创建数字人形象

定制外观：设计数字人的外观，包括性别、年龄、发型、服装等属性的选择。

选择模板：可以选择一个预设的模板作为起点，然后根据需要进行调整。

（2）编辑和设置行为

语音合成：为数字人添加语音能力。通过上传文本或直接输入内容，使用语音合成技术让数字人说话。

动作编辑：配置数字人的动作和表情。选择或自定义动画序列，使数字人在交流时更加生动自然。

互动逻辑：设定数字人的交互逻辑，如回答特定问题的方式或者如何响应用户的行为。

（3）集成智能大脑

实现API调用和简单的编程工作来连接数字人前端与后端的智能处理单元。

（4）测试和完善

全面测试数字人，检查所有功能，包括语音识别、对话流畅度、动作表现等。

（5）发布和部署

将数字人部署到目标平台，如网站、社交媒体渠道或者是专门的应用程序。

4. 应用案例

【例 9-1】 在“智谱清言”中，开发“中英文互译助手小雅”智能体。

要求：用户输入英文文本，智能体返回中文翻译；用户输入中文文本，智能体返回英文翻译；用户输入以“*”号开头的中文，则按照交互问答处理，回复用户的提问。

【操作步骤】

步骤 1：打开“智谱清言”主界面，在左侧功能区单击“智能体中心”按钮，打开“智能体中心”主界面。

步骤 2：浏览已经公开发表的智能体，在搜索框内输入“翻译”，单击搜索到的第一个智能体，如图 9-1 所示，体验智能体的功能实现。

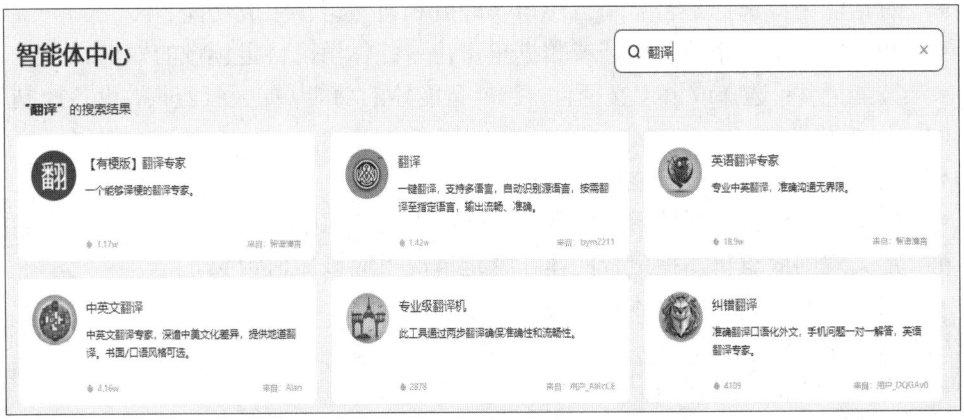

图 9-1 “智谱清言”智能体中心界面

步骤 3：进入智能体后，尝试输入要翻译的文字，如“‘你好’有几种说法？”

分析：如图 9-2 所示，智能体并没有把中文翻译成英文，而是进行了问答交互，并

图 9-2 智能体中心——翻译专家

不符合中英互译的需求。在“翻译专家”智能体中翻译中英文，需要这样说：

翻译“‘你好’有几种说法？”这句话为英文

这种翻译方法显然效率很低。

步骤 4：单击“智能体中心”主界面中的“创建智能体”按钮，在 AI 自动生成配置对话框内输入对智能体的描述，如图 9-3 所示，单击“生成配置”按钮，打开“译心通”界面。

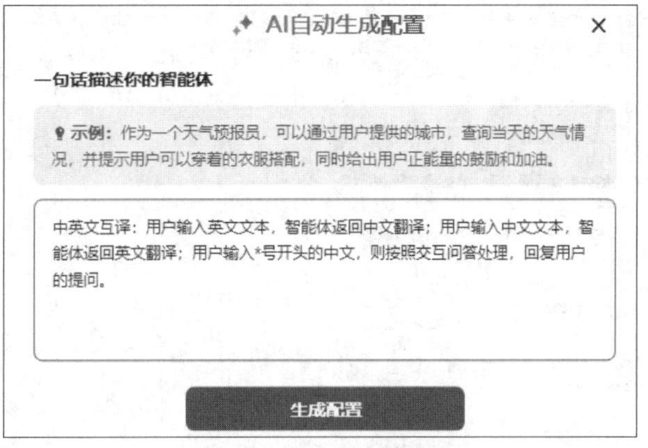

图 9-3 智能体描述

步骤 5：在“配置智能体”功能区“名称”文本框中输入简单功能描述和助手名字，如“中英文互译助手小雅”。

步骤 6：修改 Logo，可以选择 AI 自动生成、上传图片、选择图片中的一种方式获得你喜欢的智能体 Logo，如图 9-4 所示。

图 9-4 智能体简介

步骤 7：在“简介”文本框填写本例要求中的内容，这部分内容主要是向用户展示智能体的说明。因此，需要清晰阐述智能体的功能和特色，以便用户更好地了解和认可它。

步骤 8：查看“配置信息”是否符合需求。“智谱清言”根据前文已经提交的智能体描述，自动生成了配置信息，如图 9-5 所示。

图 9-5　智能体自动生成的配置信息

步骤 9：修改开场白。例如“我是您的中英文互译助手小雅，无“*”号开头文本我会理解为中英文互译工作，有“*”号开头文本我会理解为你在和我聊天，请开始吧！”。

步骤 10：单击“刷新保存”按钮，保存对智能体的最新配置，如图 9-6 所示。

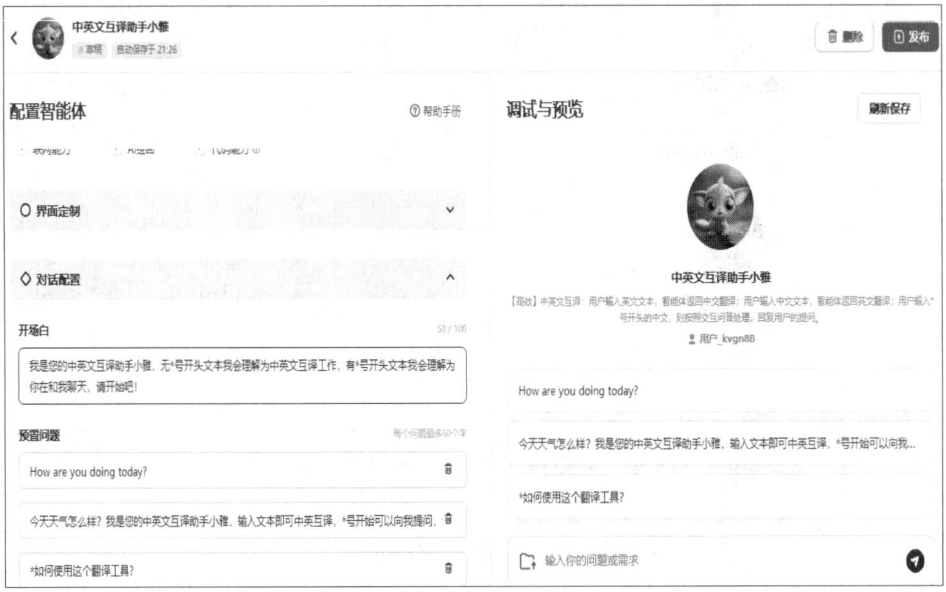

图 9-6　智能体编辑界面

步骤 11：在“调试与预览”功能区，依次输入“你好”、“I love China”、“‘你好’有几种说法？”三句测试数据，查看智能体功能实现情况，如图 9-7 所示。

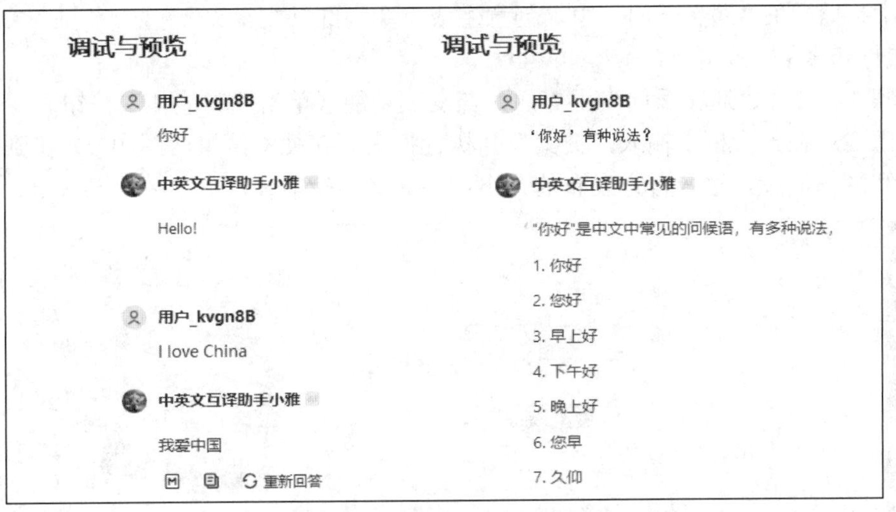

图 9-7　智能体第一次测试结果

分析：智能体“小雅”可以实现输入中文翻译英文、输入英文输出中文的基本互译功能，但是当用户用中文提出问题时，它与“翻译专家”智能体一样没有实现翻译工作，而是进行了问答。这说明需要增加“配置信息”中的描述，优化智能体。

步骤 12：删除“配置信息”中的 AI 自动生成的信息，输入新的配置信息如下：

用户输入文本。

判断文本中第一个字符是不是“*”号。

如果是，回答用户问题。

如果不是，你回答时先输出“翻译后:”，然后翻译用户文本，中英文互译。

步骤 13：单击“刷新保存”按钮，在“调试与预览”区输入测试数据，如图 9-8 所示。测试结果表明，智能体“小雅”已具备中英互译能力，并且保留了问答交互功能，

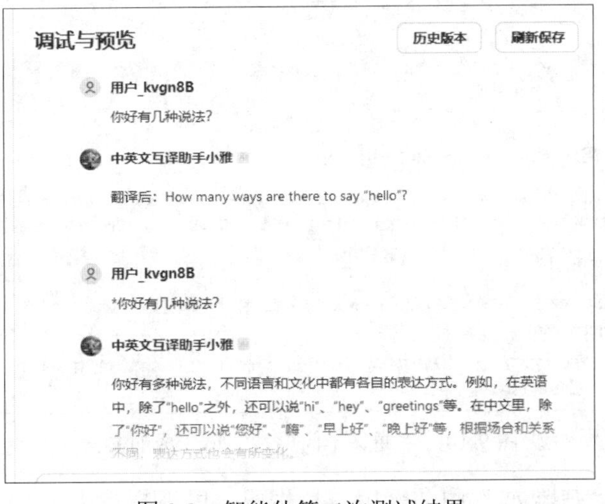

图 9-8　智能体第二次测试结果

能够满足用户的多元化需求，从而大幅提升用户体验。

步骤 14：发布智能体。根据你自己的需求，选择权限私密、分享或公开。

【例 9-2】 在“通义千问”中，创意生成一个小红书文案。

【操作步骤】

步骤 1：打开“通义千问”主界面，在左侧功能区单击“智能体”按钮。

步骤 2：在搜索框中输入“文案”并执行搜索。在搜索结果（图 9-9）找到并单击第一个智能体图标，进入官方发布的“小红书文案”智能体。

图 9-9 “通义千问”智能体搜索界面

步骤 3：输入文案生成需求：

帮我写一个“智谱清言”智能体“小雅”，她能帮我们中英文互译，还可以深度问答交互，获得更多翻译结果和相关问题的答案。将生成的文案保存到 Word 文件中。

通义千问的回答如图 9-10 所示。

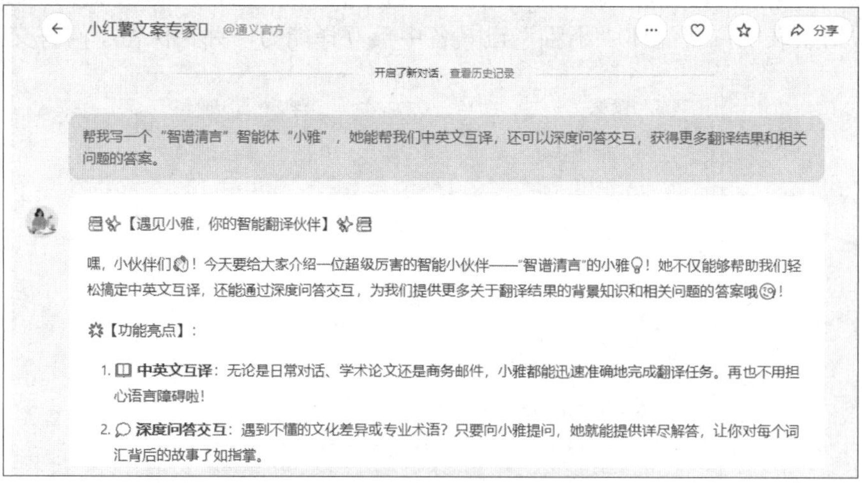

图 9-10 “通义千问”智能体生成的文案

【例 9-3】 在“海螺 AI”中，采用图片生成一段视频。

【操作步骤】

步骤 1：打开“海螺 AI”视频模块主界面，如图 9-11 所示。

图 9-11　“海螺 AI”视频模块主界面

注　意

目前，具备图生视频功能的主流工具包括“可灵 AI”“即梦 AI”“智谱清影”“通义万相”等，可以根据自己的喜好进行拓展和探索。可灵 AI 和即梦 AI 支持直接登录官方网站进行创作；“智谱清影”在“智谱清言”主页的左侧功能栏中；“通义万相”需要先登录通义网页，然后单击“通义服务”菜单才能找到链接，为了方便查找，这里给出通义网址：https://tongyi.aliyun.com/welcome。

步骤 2：单击主界面左侧功能区中的“视频生成”按钮，进入视频编辑初始界面，如图 9-12 所示，选择“图生视频”标签。

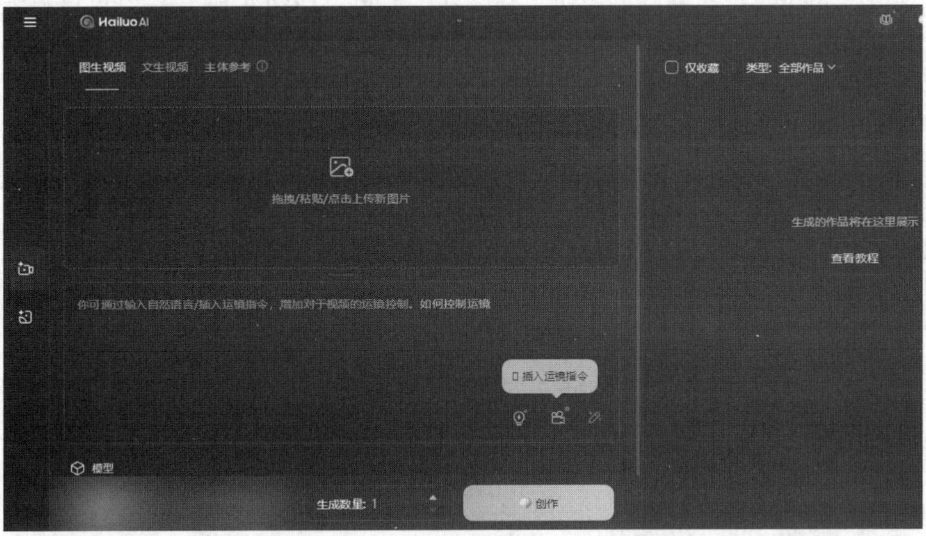

图 9-12　“海螺 AI”视频编辑初始界面

步骤 3：上传在例 9-1 中生成的“小雅”头像。

步骤 4：输入运镜要求文本，编辑界面如图 9-13 所示。为了生成动画的运镜要求，你可以先利用‘通义千问’‘文心一言’等 AI 大模型来辅助创建运镜提示词模板，然后根据你的具体需求对模板内容进行修改。

图 9-13　“海螺 AI”视频模块编辑界面

【你的提问】

在图片背景下，画面展示图中小精灵，站在那里和我说话，表情呆萌可爱，偶尔耳朵动一下，过一会尾巴动一下，手臂偶尔有细微的动作。整个视频时长为 15 秒，动作平稳流畅，带有柔和的暖色调滤镜，营造出一种温馨充满希望的氛围。

步骤 5：在右侧“运镜控制”标签下，依次单击推进、变焦推进、固定镜头 3 个控制按钮。随即在左侧运镜编辑窗口，AI 会自动添加对应的控制命令。

步骤 6：单击“生成动画”按钮，预览动画效果，如图 9-14 所示，下载视频文件。

图 9-14　动画效果

分析：根据以上步骤，你可以尝试输入不同的动作和运镜要求，生成几段展现不同动作的短视频。

例如，在运镜编辑框内输入“在图片背景下，画面展示图中小精灵，站在那里和我说话，表情呆萌可爱，嘴巴的动作大一点，尾巴翘起来又放下，左手举起了挥动一下又放下。整个视频时长为 15 秒，动作平稳流畅，带有柔和的暖色调滤镜，营造出一种温馨充满希望的氛围。[固定镜头]”，生成另一段视频。

步骤 7：回到“海螺 AI”主界面，单击“语音”标签，选择“文生音”选项。

步骤 8：复制例 9-2 中生成的部分文案文本到编辑区。

步骤 9：在“调制区”设置音色、语速、声调和音量，试听声音。

步骤 10：单击“生成音频”按钮，生成语音，保存音频文件到本地计算机。

分析：借助多媒体合成软件，如剪映、万彩等，或者直接上传到抖音或小红书平台，可以将视频和音频文件并轨为一个视频作品。但是，考虑口型可能会对不上，因此希望能用 AI 工具创作一个对得上口型的“小雅”数字人。

【例 9-4】 在“即梦 AI”中，创作一个满足媒体播报功能的数字人。

【操作步骤】

步骤 1：打开“剪映”主界面。

步骤 2：单击“AI 创作”标签，进入“即梦 AI”主界面。

步骤 3：单击“数字人”→“对口型”按钮，如图 9-15 所示。

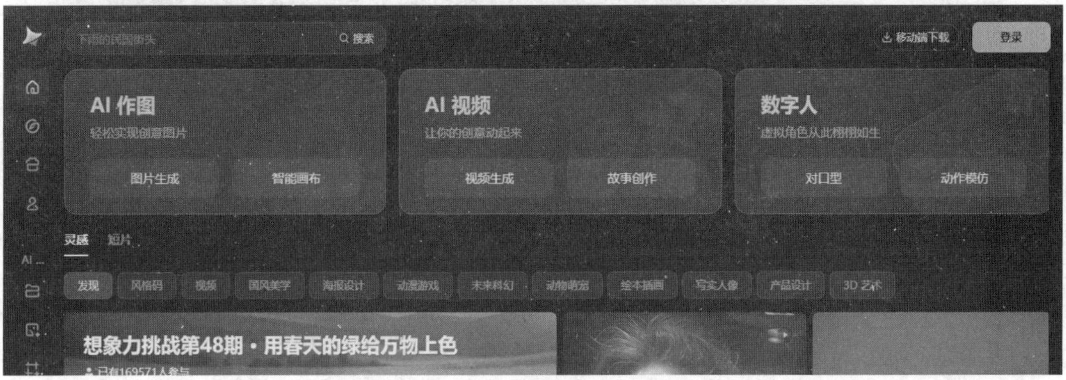

图 9-15 “即梦 AI”主界面

步骤 4：导入在例 9-1 中生成的“小雅”图片。

步骤 5：输入语音内容。例如，“嘿，小伙伴们！我是‘智谱清言’的小雅！我不仅能够帮助您轻松搞定中英文互译，还能为您提供更多关于翻译结果的背景知识和相关问题的答案哦！”，文字可以从例 9-2 生成的文案中摘取。

步骤 6：选择朗读音色，如“活泼女孩”模式，调节说话速度为“1.2x”，单击“生成视频”按钮，如图 9-16 所示。

图 9-16 “即梦 AI”对口型数字人创作界面

步骤 7：查看生成的对口型数字人，如图 9-17 所示。下载视频文件，作为后续创作的素材。

图 9-17 “即梦 AI”生成的数字人小雅

拓展实验

1. 创作一个心理咨询智能体，完成下面的实验。

具体步骤与实验要求如下。

1）在“智谱清言”中创建智能体。

2）配置智能体，包括名称、头像、简介、功能、开场白等信息。

3）预览智能体，测试效果。

4）调试智能体，修改配置信息，保存智能体。

2. 用“DeepSeek+海螺 AI”创作短视频文案并生成视频文件，完成下面的实验。

具体步骤与实验要求如下。

1）设计提问时，请明确你的目标人群，并阐述你希望通过短视频文案让他们获得什么样的信息或感受。

2）向 DeepSeek 提问，并要求列出若干选题。

3）追问，让 AI 推理本周或者未来一周他们最想看的内容是什么。

4）继续追问你感兴趣的内容，让 AI 帮助你生成具体的短视频文案和分镜设计。

5）根据你的个性化需求和具体环境背景，修改文案和分镜设计。

6）打开“海螺 AI”，利用文生视频功能，生成视频。

3. 制作一个专属于你的数字人，完成下面的实验。

具体步骤与实验要求如下。

1）打开“即梦 AI”选择“AI 作图”，上传你的个人图像，生成专属数字人形象。

2）调整提示词，优化并保存你的数字人形象。

3）设计一份数字人将要播报的文字稿，确保逻辑清晰、内容准确。

4）单击“视频生成”按钮，选择“对口型”功能。导入你的数字人形象，并复制第 3）步中生成的播报文字，单击“生成视频”按钮。保存视频到你的计算机中。

实验 10 RPA 机器人流程自动化

实验目的

1）了解 RPA 软件机器人的基础知识。

2）了解 RPA 软件 Power Automate Desktop（PAD）的界面和基本操作。

3）了解 RPA 在 Web 自动化中的简单应用——自动操作 UI 元素。

4）了解 RPA 在 Excel 自动化处理中的简单应用。

实验内容

1. RPA 软件机器人的基础知识

（1）RPA 的定义

机器人流程自动化（robotic process automation，RPA）又称为软件机器人。这里的机器人是指存在于计算机中的软件（一个具体的程序），它能自动操作计算机来完成任务。例如，把网站内容一条条自动复制到 Excel 表格中等。

RPA 是目前最受欢迎的人工智能应用技术之一。RPA 最主要的功能是把日常重复性的工作自动化。将重复性的工作交给 RPA 来做，可以节省人力资源，提高生产力。RPA 被广泛应用以前，这种自动化的工作，需要有经验的程序员按照客户意愿开发程序来完成，编写大量代码；RPA 出现后，计算机自动化进入了低代码甚至零代码时代，只要不关闭计算机，RPA 就可以持续运转，因此 RPA 也被称为虚拟数字劳动力。

RPA 不能完全取代人类的工作，比较适合从事以下工作，从而解放劳动力：一是有明确的规则，已有固定步骤的工作；二是每次操作都会得到相同结果的工作；三是不需要人为参与判断的工作；四是不断重复且单调的工作。例如，让 RPA 在公司下班后，将一天生成的文件在深夜一页页地打印出来，从而不影响计算机和打印机在上班时间的正常使用。

（2）RPA 的基本操作

1）Excel、Word 文件操作：选择 Excel 的特定位置、建立新工作表等。

2）文件管理：修改文件名、删除文件、复制文件、压缩文件等。

3）Web 网页操作：复制 Web 网页上的数据到 Excel 中。

4）发送电子邮件：将文件内容写成电子邮件发送给客户。

5）PDF 文件操作：PDF 文档的分割、合并等操作。

6）整合以上应用的综合流程。

（3）RPA 的种类

依据 RPA 运行方式的不同，RPA 可以分为单机版、服务器版和云端版 3 种类型。

1）单机版。单机版 RPA 被称为机器人桌面自动化（robotic desktop automation，RDA），可以直接安装在个人计算机上运行，通常是免费的，或者价格较低，不需要掌握太多计算机知识就可以轻松使用，如微软的 Power Automate Desktop。但是，单机版对于企业来说管理不方便，容易出现有些机器人管理不到的情况，即出现离群机器人。

2）服务器版。服务器版是由服务器管控所有 RPA 流程的运行方式，包括建立流、执行流、监控每个 RPA 机器人的运行状态等，可以统一管理公司的所有机器人和流，适合企业内部使用。在此模式下，流的建立和执行可以在不同的机器上运行，因此可以执行大规模的流自动化，即可以将一个自动化流拆解为不同的 RPA，交由不同的机器协同分布执行。但是，这种模式较为复杂，技术门槛较高，需要专门的技术人员来维护，软件价格高。

3）云端版。云端版 RPA 运行在云端，不需要安装，并且会自动更新，保证了 RPA 功能最新，使用便利，是 3 种 RPA 中最容易使用的一种。这种模式未安装在本地计算机上，因此无法操控本地计算机上的应用程序，其功能是仅仅提供云端服务的自动化，而且多半是以网络应用程序接口的形式运行，数据一般存储在云端。

（4）RPA 的引入

事实上，并不是引入 RPA 就可以马上提升工作效率。开始使用 RPA 之前，必须仔细考虑两个问题：一是流的分割（子流程）；二是日后的持续改善和维护。只有这两个问题做好了，RPA 才能为个人或企业带来工作效率的持续提升。

企业在引入 RPA 之前，可以先试用个人机器人。首先，将每个员工手上单调、重复的工作试着用 RPA 来解决，使员工清楚自己工作的每个环节和步骤，明白自己的哪些工作适合用机器人来完成。然后，再让企业的员工在协作中使用机器人完成工作，从而更好地提炼出哪些工作需要机器人完成。最后，将这些需要机器人完成的工作标准化、模块化。例如，某公司需要传真机和电子邮件两种方式来接订单，这样就要建立两个子流（模块）来完成这两个功能，方便主流（模块）随时调用合适的子流（模块）来完成特定的任务。

（5）RPA 主流软件

市面上流行的 RPA 软件，在使用方法和功能上大同小异。在日后的工作和学习中，根据自身需要选择适合自己的软件。

1）UiPath——在 RPA 领域很受欢迎的软件。UiPath 功能完善、开发方便，允许在不同的项目之间共享和重用组件，其主要功能包括桌面自动化、Web 自动化、Excel 自动化、Email 自动化、用户界面（user interface，UI）自动化和 SAP 自动化，其在银行、保险、医疗和电信系统应用广泛。

2）Blue Prism——一个功能强大的 RPA 工具，具有可视化流程分析、灵活的可集成和扩展性、低代码和无代码设计等优势，其 AI 引擎用来为亚马逊、谷歌和其他 AI 平台的高级 AI 工具创造链接。

3）Automation Anywhere RPA 软件——使用简单，易学易用，拥有无代码和低代码的流设计，实现了文件管理、邮件、数据库连接、Excel 文件、PDF 文件等的无代码和低代码管理。

4）WeAutomation——华为公司开发的 RPA 软件，在持续改进和完善中。WeAutomation 分为教育版和专业版，教育版可以免费使用和学习。WeAutomation 封装了 Python 语言，如果用户了解 Python，则更容易上手，从而更好地发挥 WeAutomation 的功能。

5）Power Automate Desktop（PAD）——微软开发的 RPA 软件，可以操作 Windows 操作系统和 Windows 下的软件，该软件必须运行在 Windows 10 以上操作系统上。PAD 已经集成在 Windows 11 操作系统上，供用户免费使用（Windows 10 需要安装软件，但同样免费使用）。本实验将以此软件为例来介绍 RPA 的使用。

2. PAD 界面介绍

（1）启动 PAD

登录 Windows 11 操作系统，单击“开始”|“所有应用”|“Windows 系统”|“控制面板”图标，在打开的窗口中双击“系统和安全”|“Windows 工具”| Power Automate 图标，即可启动 PAD，如图 10-1 所示。启动后的欢迎界面如图 10-2 所示。

欢迎窗口包括“主页”“我的流”“示例”等选项卡，具体功能如下。

1）主页：显示欢迎画面，以及生成流向导等。

2）我的流：用于生成的流的列表。

3）示例：微软提供的学习 PAD 的流的实例。

4）新建流：新建一个流。

5）提供 PAD 的设置、帮助及流的搜索功能。

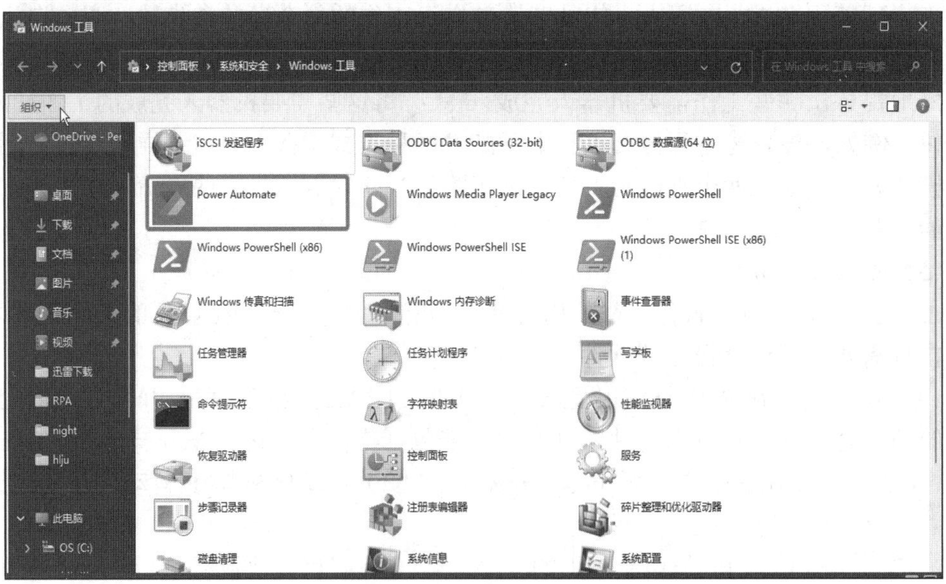

图 10-1　在 Windows 工具中启动 Power Automate 软件

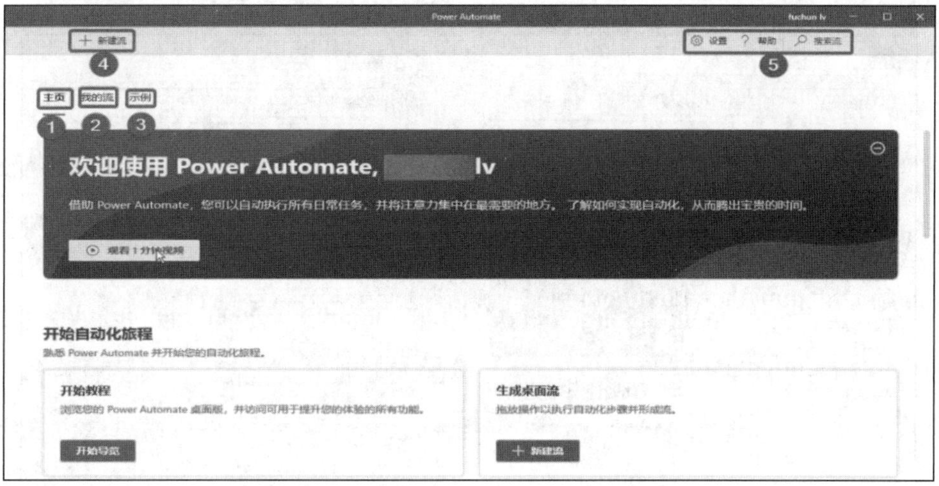

图 10-2　启动 Power Automate 后的欢迎界面

（2）生成一个流示例

【例 10-1】 生成一个简单的流“Hello，PAD！”，说明流的基本概念和 PAD 的基本操作。

【操作步骤】

步骤 1：单击“新建流”按钮，打开“生成流”对话框，如图 10-3 所示。

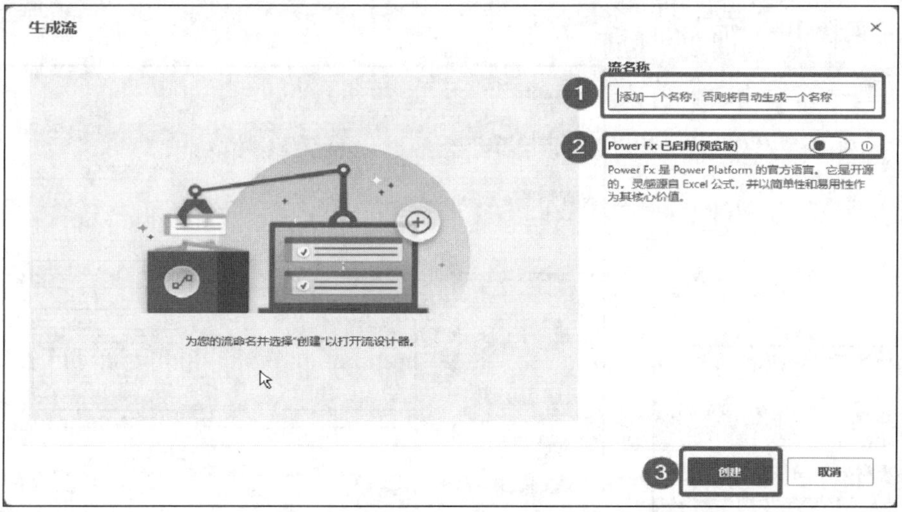

图 10-3　新建一个流

步骤 2：在“流名称”文本框中输入流名称，如“Hello，PAD！”。

步骤 3：禁用 Power Fx 选项。提示：Power Fx 是为 Power Platform 开发的函数式编程语言，处于预览阶段，本实验不启用这一选项。

步骤 4：单击“创建”按钮，打开 PAD 的设计窗口，如图 10-4 所示。

① 菜单区：提供操作设计流的全部功能，包括“文件”“编辑”“调试”“工具”“查看”“帮助”选项卡。

图 10-4 PAD 的设计窗口

② 操作区：包括所有对桌面流操作功能的集合。

③ 画布区：通过拖动方式将指令放置在画布区，形成桌面流，执行特定的任务。

④ 变量、UI 元素、图像区：可以在变量、UI 元素和图像 3 种模式下切换。

步骤 5：在操作区展开“消息框”操作组，如图 10-5 所示，选择第一个操作“显示消息”，按住鼠标左键，并将这个操作拖动到画布区，释放鼠标左键，打开“显示消息”对话框，如图 10-6 所示。

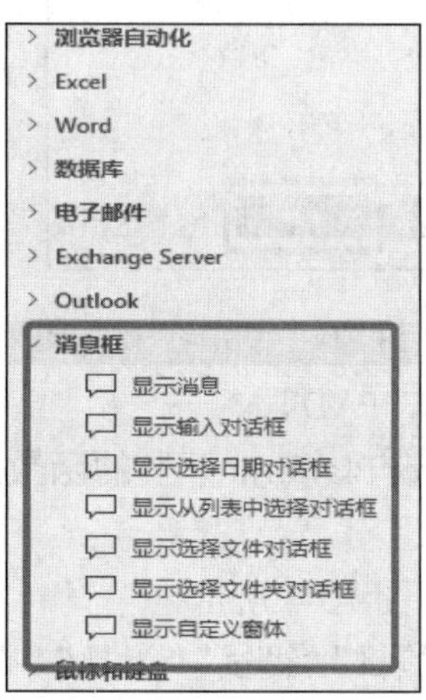

图 10-5 “消息框”操作组

图 10-6 “显示消息”对话框

① 在“消息框标题”文本框中输入“第一个 PAD 流”作为消息对话框的标题。

② 在“要显示的消息”文本框中输入要显示在消息框中的内容，如输入“Hello，PAD!”。

步骤 6：单击“保存”按钮，“显示消息”操作就会显示在画布区，如图 10-7 所示。

步骤 7：运行生成的 Hello，PAD！流。单击画布区上方的“运行”按钮，运行刚刚生成的 Hello，PAD！流，生成图 10-8 所示的消息对话框。

图 10-7　画布中的“显示消息”操作

图 10-8　Hello，PAD 的消息框

① 在消息对话框中，显示的信息“第一 PAD 流”是图 10-6 中“消息框标题”右侧文本框中用户输入的内容，在消息对话框中出现在标题栏。

② 消息对话框中显示的消息“Hello，PAD!”是在图 10-6 中“要显示的消息”右侧文本框中用户输入的内容。

至此，完成了第一个流的创建。

3. PAD 基本操作介绍

PAD 操作区有 3 个主要功能组：变量、条件和循环。

（1）变量

在 PAD 中使用的数值可以存储在变量中进行管理，在操作中设置数值或者要存储计算结果时，就要用到变量。

计算机中变量就好像下面的盒子，里面存储着数值，如第 1～3 个盒子（变量）中分别存储了数值 25、字符串 Tom 和整数 5675，存储在盒子（变量）里面的数值就是变量值。为了区分变量以及引用变量，给每个盒子（变量）取一个易记的名称，这就是变量名。

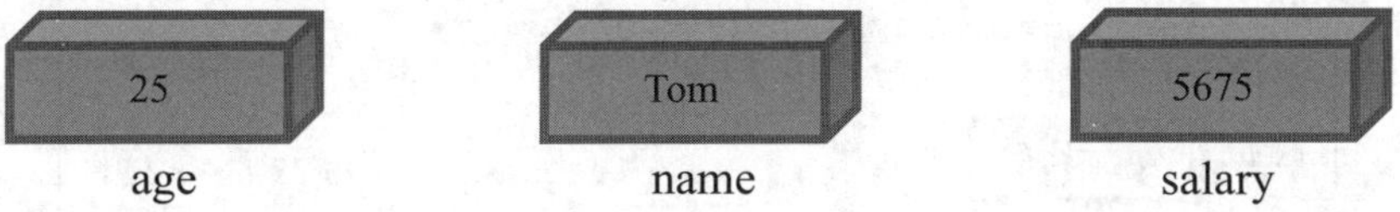

从上面的描述中可以看出，变量包含两部分：变量名和变量值。

1）变量名。

① 变量名区分大小写，如 age 和 Age 是不同的两个名称。

② 变量名只能由字母、数字和下划线组成，并且不能由数字开头。

2）变量值。

① 数字型：变量中存储的值是数值，这种变量类型就是数字型，如 12.45。

② 文本型：变量中存储的值是文本，如“Hello，world!”“哈尔滨”。

③ 布尔类型：布尔类型只存储 True 和 False 两个值。

④ 列表类型：存储多个值，如[1, 2, 3, 4, 5, 6]。

【例 10-2】 变量的基本操作示例。

【操作步骤】

步骤 1：新建一个流并命名为 VariableTest，选择操作区中的“变量”命令，打开“变量”列表，如图 10-9 所示。

图 10-9 新建流 VariableTest 并打开“变量”列表

步骤 2：按住鼠标左键将“设置变量”拖动到设计画布中，打开“设置变量”对话框，如图 10-10 所示。

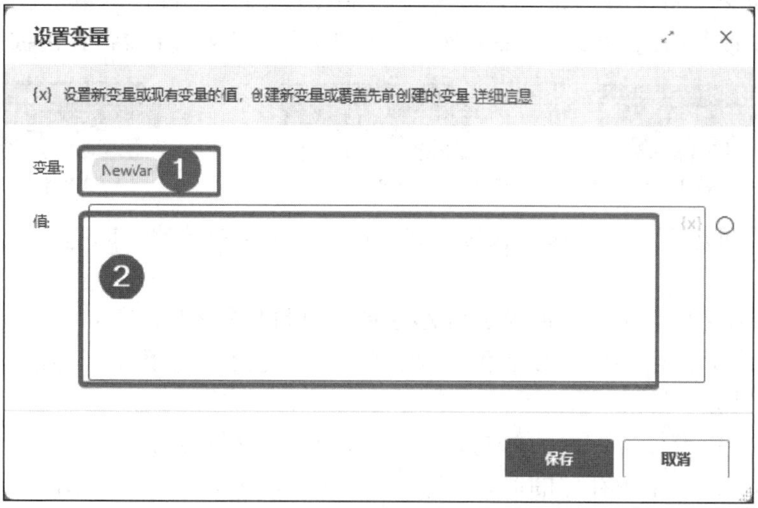

图 10-10 “设置变量”对话框

①“变量”文本框显示的是 PAD 为变量生成的默认名称 NewVar。

②“值”文本框用于输入值。根据输入的值，PAD 会自动分配变量的类型，如果输入数字则变量的类型是数字型，输入文本则变量的类型是文本型。

步骤 3：在本例中将 PAD 生成的变量名称 NewVar 改成 age，并赋值 25，如图 10-11 所示。

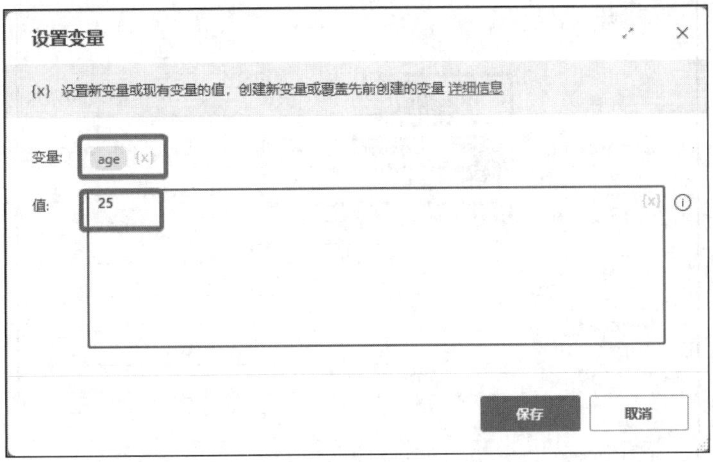

图 10-11　设置 age 变量

步骤 4：用同样的方法生成另外两个变量，生成变量 name 和 salary，值分别为 Tom 和 5675，在画布中生成的流如图 10-12 所示。

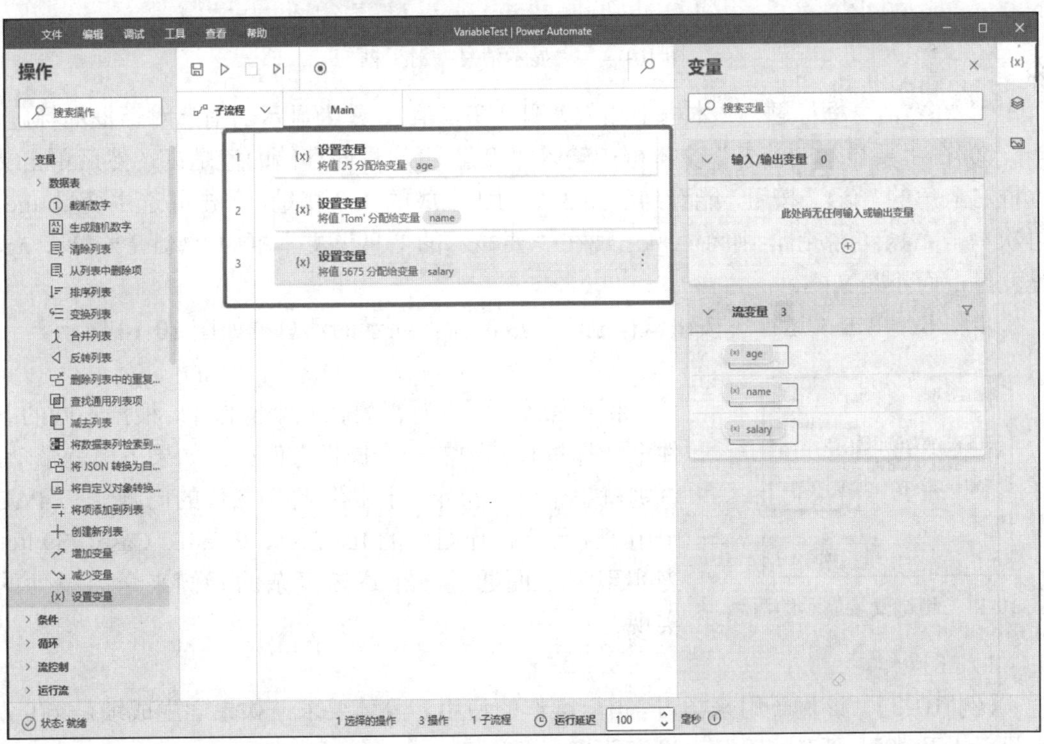

图 10-12　生成的 VariableTest 流

步骤 5：在画布中加入“显示消息”操作，来显示设置的变量值。将“显示消息”操作拖动到画布中，在打开的“显示消息”对话框中进行相应设置，如图 10-13 所示。

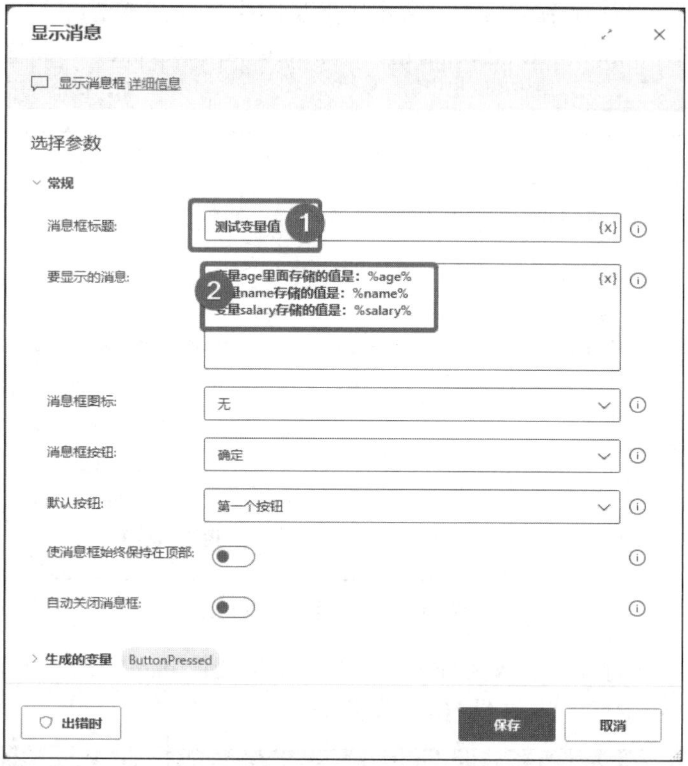

图 10-13 “显示消息”对话框

① 在“消息框标题”文本框中输入“测试变量值”，作为显示的消息对话框的标题。

② 在“要显示的消息”文本框中输入“变量 age 里面存储的值是：”，然后单击文本框右上角的“{x}”按钮，能看到前面 3 个动作生成的 3 个变量，单击并选中变量 age，再次单击“{x}”按钮，则%age%出现在“要显示的信息”文本框中，%age%表示 age 是变量，而不是文本。

步骤 6：单击“运行”按钮运行刚刚生成的流，显示的消息框如图 10-14 所示。

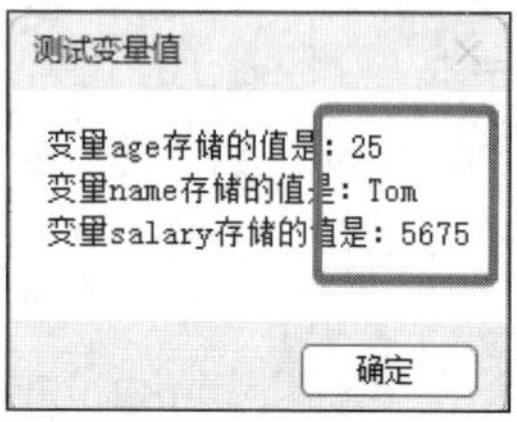

图 10-14 测试变量显示的消息

（2）条件

执行操作时，有时需要在几个操作中，根据不同的条件来选择执行其中的一个操作。例如，如果下雨就带伞，否则就不带伞。决定选择执行哪个操作的问题，在 PAD 中用“条件”操作组中的 If、Else、Else if、Case、Switch 来实现。下面通过一个逐渐复杂的示例来学习条件的实现。

1）If 操作。

【例 10-3】 该例子用来学习“If”操作的使用。具体要求：如果学生成绩是 60 分则显示“及格”，新建一个流，命名为 ConditionTest。

【操作步骤】

步骤 1：拖动“变量”组中的“设置变量”操作到画布中，将变量名设置为 score，值设置为 80，然后拖动“条件”组中的“If”操作到画布，依照图 10-15 所示设置 If 条件参数。

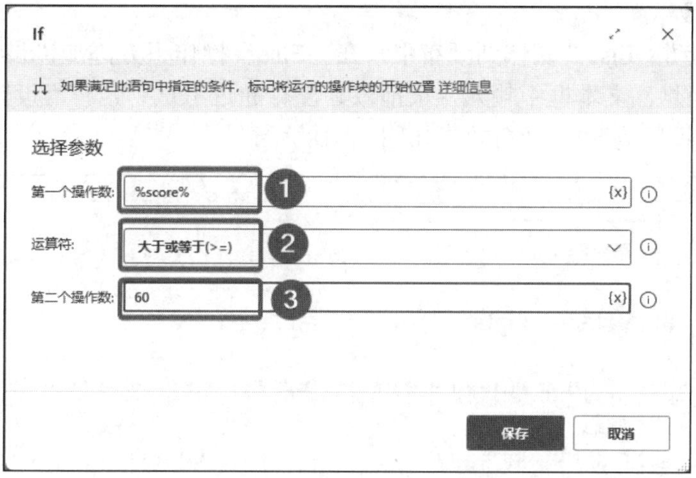

图 10-15　设置 If 条件参数

在“If”对话框里需要填入 3 个参数。

① 在“第一个操作数”文本框中输入“%score%”。

② 在“运算符”下拉列表中选择“大于或等于（>=）”命令。

③ 在“第二个操作数”文本框中输入数字“60”。

单击“保存”按钮，结束 If 条件参数设置。

步骤 2：拖动“消息框”组中的“显示消息”操作到画布，置于“If”操作后，“End”操作前。“显示消息”操作在“If”下方，并缩进几个字符，受“If”操作的控制。画布中的效果如图 10-16 所示。

步骤 3：运行流。执行“If”操作的时候，判断变量 score 的值 80 是否大于 60，如果大于 60，“If”操作中的条件成立（条件为真），则执行“If”操作控制下的“显示消息”操作，如图 10-17 所示。假如把变量 score 的值改为 50，运行流，条件不成立（条件为假），则不执行受“If”操作控制的“显示消息”操作。

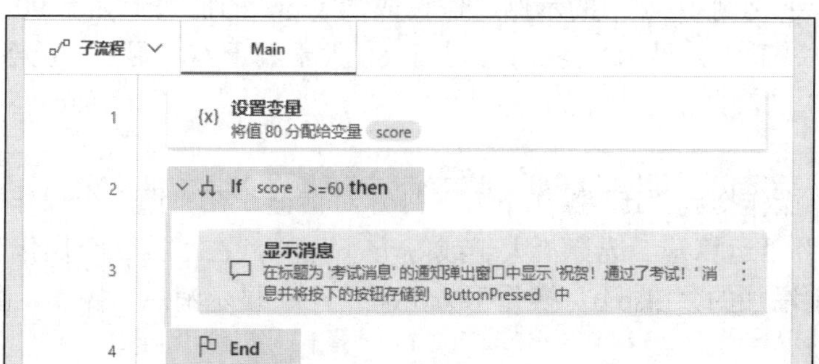

图 10-16　显示消息效果

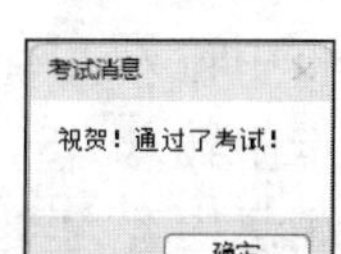

图 10-17　If 操作测试结果

2）Else 操作。进一步完善上面的例子，要求成绩不大于 60 时显示“很遗憾！没有通过考试！”，而不是什么都不显示。要处理“If”操作后的条件不满足的情况，就要使用“Else”操作来处理当“If”操作的条件不满足时的其他情况。

【例 10-4】 “Else”操作的基本操作。

【操作步骤】

步骤 1：拖动“Else”操作到画布中，在“Else”操作下方添加“显示消息”操作，在“要显示的消息”文本框中输入“很抱歉！没有通过考试！”，将“设置变量”操作中变量 score 的值设置为 50，画布效果如图 10-18 所示。

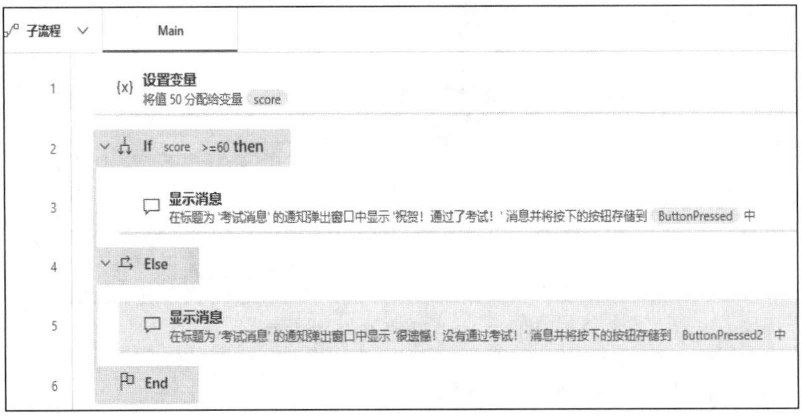

图 10-18　Else 操作画布效果

步骤 2：运行流。由于 score 的值是 50，不满足“If”操作测试条件，从而执行“Else”操作控制下的“显示消息”操作，结果如图 10-19 所示。

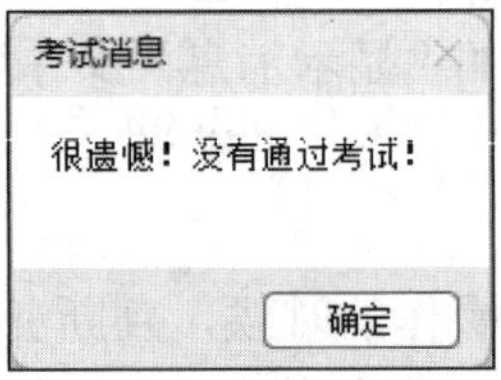

图 10-19　Else 操作测试结果

3）Else if 操作。

【例 10-5】 请进一步细化例 10-4 中的示例，假设成绩 score 的值大于等于 90，显示“优秀！”；小于 90 大于等于 80，显示“良好！”；小于 80 大于等于 60，显示“及格！”；小于 60，显示“不及格！”。

【操作步骤】

步骤 1：将“Else if”操作拖到“If”操作下方，打开对话框，在“第一个操作数”文本框中输入“%score%”，“运算符”选择“大于或等于（>=）”，在“第二个操作数”文本框中输入“80”，在刚增加的“Else if”操作下方放置一个“显示消息”操作，要显示的消息内容为“良好”。

步骤 2：再增加一个“Else if”操作，如图 10-20 所示填写参数，将“Else”操作置于“End”操作前，增加“显示消息”操作，将“设置变量”操作中的值改为 85。

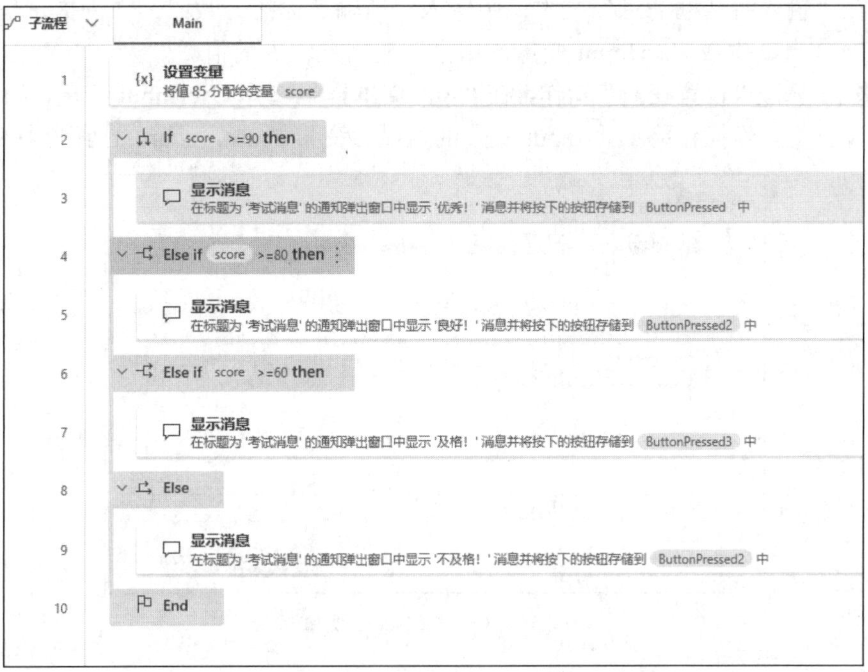

图 10-20　Else if 操作画布效果

步骤 3：运行流。Else if 操作测试结果如图 10-21 所示。

步骤 4：每次执行流时，score 变量的值是通过“设置变量”操作事先指定的。如果想在每次运行流时，通过键盘输入 score 的值，来判断考试是优秀、良好、及格和不及格，需要利用“消息”组中的“显示输入对话框”操作来接受键盘输入。具体操作如下：拖动“显示输入对话框”操作到“设置变量”操作前，使其成为流的第一个操作，“显示输入对话框”操作参数设置如图 10-22 所示，具体操作如下。

图 10-21　Else if 操作测试结果

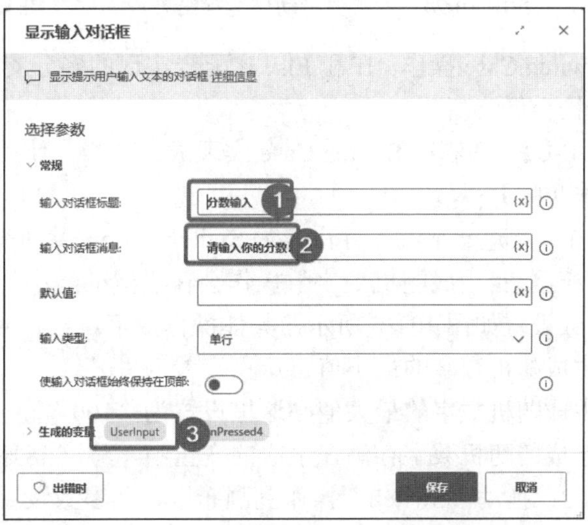

图 10-22　“显示输入对话框”操作参数设置

① 在“输入对话框标题”文本框中输入“分数输入”，作为对话框的标题。

② 在“输入对话框消息”文本框中输入“请输入你的分数:”，作为提示信息。

③ PAD 自动生成 UserInput 变量，用来存储用户输入的值。

步骤 5：修改“设置变量”操作，在“值”文本框中选择 UserInput 变量，如图 10-23 所示。“设置变量”操作将 UserInput 变量的值赋给变量 score，score 的值变为 85。

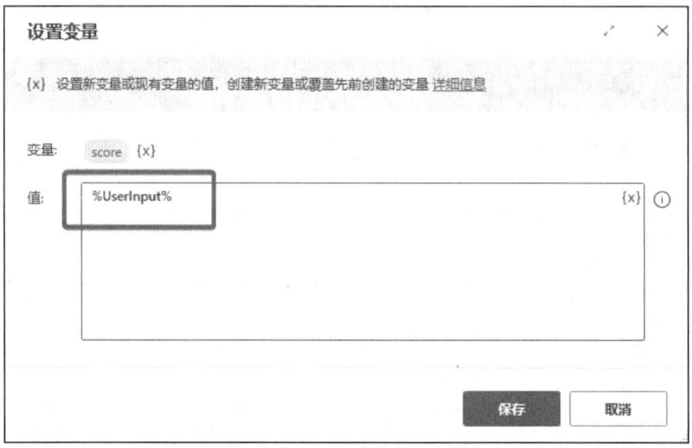

图 10-23　设置 score 变量

步骤 6：运行流，显示“分数输入”对话框，如图 10-24 所示，输入 85，UserInput 值被赋为 85。单击 OK 按钮，分数测试结果如图 10-25 所示。

说明：这与直接把变量 score 值设置为 85，满足同一个条件，执行同一个动作。

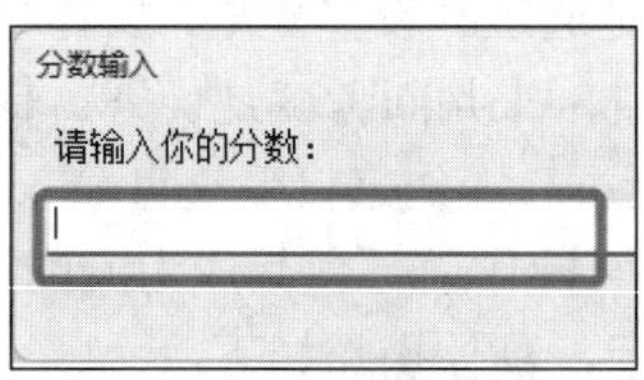

图 10-24　设置变量动作运行结果

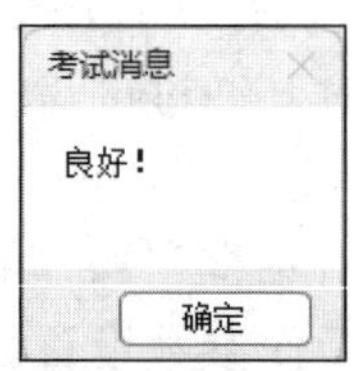

图 10-25　分数测试结果

4）Switch Case 操作。If 和 Else if 配合实现的多分支，可以使用 Switch Case 操作来替代，结构会更清晰。

【例 10-6】 请利用 Switch Case 实现成绩分级，使用“生成随机数字”操作。

【操作步骤】

步骤 1：新建一个流，并命名为 Switch Case。从“变量”组拖动“生成随机数字”操作到画布区，“生成随机数字”操作会在设置的最小值和最大值区间随机生成一个数字，其参数设置如图 10-26 所示，具体操作如下。

① 生成随机数字的最小值，这里设置为“0”。

② 生成随机数字的最大值，这里设置为“100”。

③ 生成的随机数字存储在生成的变量中，将这个变量重命名为 score。

步骤 2：拖动“Switch”操作到画布区，其参数设置如图 10-27 所示。设置“要检查的值”为“生成随机数字”操作生成的变量 score 的值。

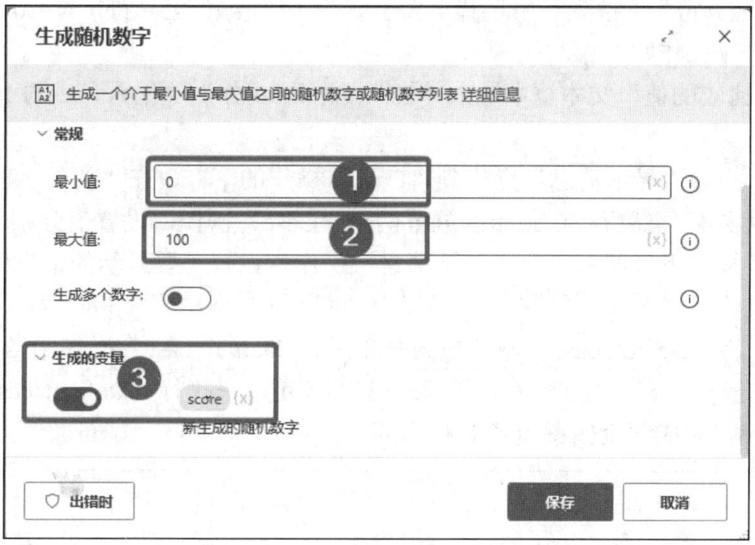

图 10-26　“生成随机数字”操作参数设置

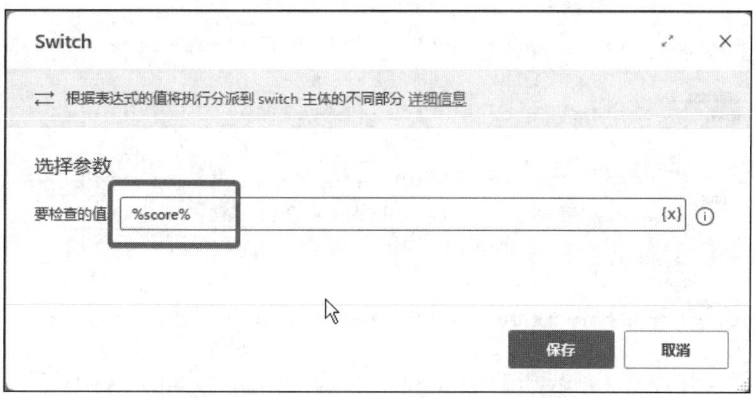

图 10-27　“Switch”操作参数设置

步骤 3：拖动“Case”操作到画布区，其参数设置如图 10-28 所示，具体操作如下。

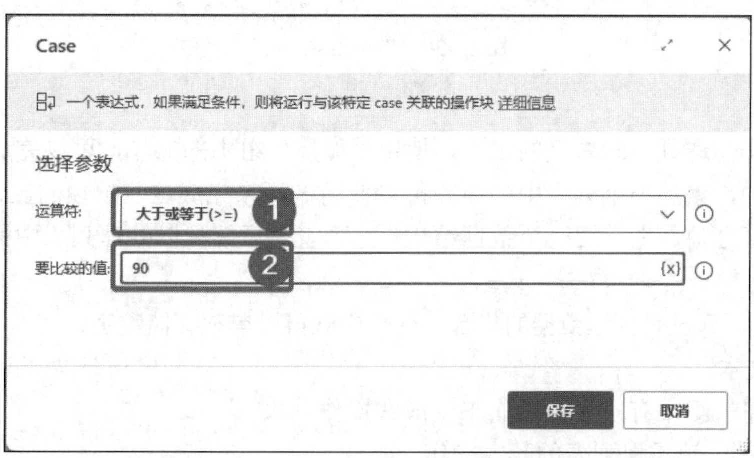

图 10-28　“Case”操作参数设置

① 在“运算符”下拉列表中选择“大于或等于（>=）”运算符，与“If”和“Else if”操作的“第一个操作数”相对应。

② “要比较的值”文本框中输入“90”，大于 90 分为“优秀!”，与 If 条件的第一选择相对应。

步骤 4：拖动“显示消息”操作到“Case”操作的下方，在“要显示的消息”文本框中输入“优秀!”。然后，在画布区放置两个“Case”操作，设置值分别为 80 和 60，每个“Case”操作下方控制一个“显示消息”操作，设置“要显示的消息”分别为“良好”和“及格”。

步骤 5：将“Default case”操作拖到画布区。“Default case”操作相当于“If”操作下的“Else”操作，在所有的“Case”条件都不满足时，执行“Default case”操作控制下的操作。设置完成的流如图 10-29 所示。

图 10-29 Switch Case 流

（3）循环

日常工作会遇到不断重复的工作，使用“循环”组中的操作，可以完成这些重复性的操作。例如，累加一个列表中的值，可以使用循环来完成这些烦琐的操作。

学习循环之前，先介绍一个数据结构——列表。后续将以处理列表中的数据为实例展开介绍。

1）列表。列表是一组数据的集合，列表中既可以单独存储数字、文本，也可以混合存储数字和文本。

在“变量”组中有一系列操作来生成和操作列表。

【例 10-7】 请实现列表的基本操作。

【操作步骤】

步骤 1：生成一个列表。将“创建新列表”操作拖到画布区，打开“创建新列表”对话框，进行相应设置即可，如图 10-30 所示。

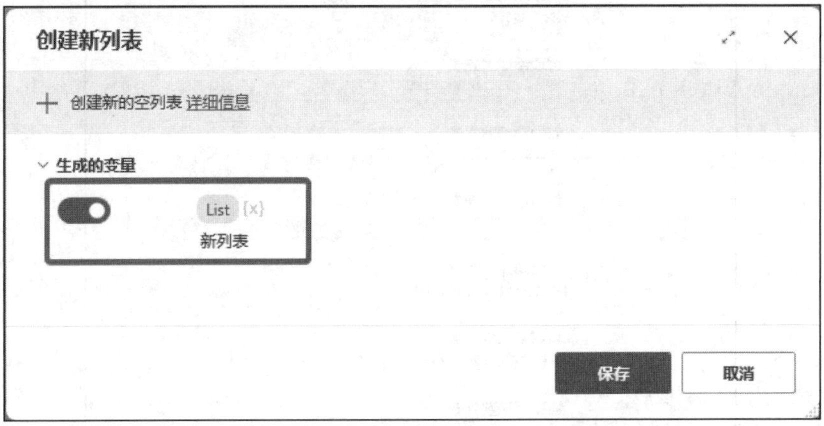

图 10-30　“创建新列表”对话框

“创建新列表”操作生成 List 变量，将生成的空列表存储在 List 变量中。空列表是指列表中没有数据的列表，空列表生成后，可以用“将项添加到列表”操作向指定的列表中添加数据，列表中的每一个数据，称为列表的一项或一个元素。

步骤 2：把“将项添加到列表”操作添加到画布区，在打开的“将项添加到列表”对话框中添加必要的参数，如图 10-31 所示。

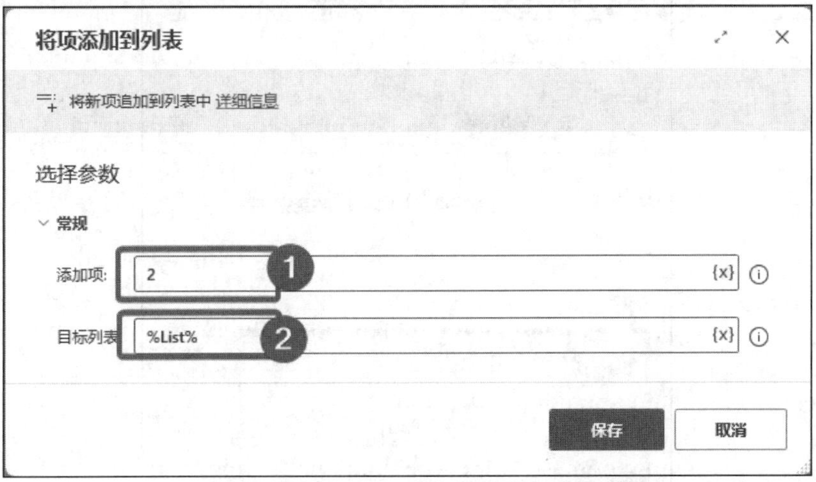

图 10-31　“将项添加到列表”对话框

①“添加项”文本框中的值，是要添加到列表里的值，每次只能添加一个值，就是列表的一项，或者一个元素。

②“目标列表”是要将值添加到的列表，图 10-31 中的目标列表是刚刚创建的列表 List。

步骤 3：重复以上步骤，将 10、4、5、9、7 共 5 个值添加到列表中。完成后的流如图 10-32 所示。

图 10-32　添加列表项后的流

步骤 4：单击“运行”按钮运行流，在画布区右侧“变量”区的“流变量”组中可以看到变量 List 及变量的值，如图 10-33 所示，即 List 的值是流的 6 个“将项添加到列表”操作执行后添加到 List 中的值。

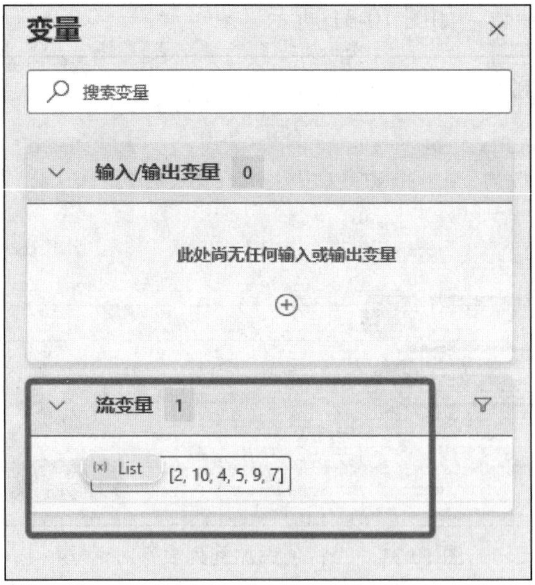

图 10-33　插入项后的列表

说明：在“变量”区下面，有专门针对列表操作的动作：“排序列表”操作可以对列表按升序或降序排列，“反转列表”操作可以实现列表的反转等操作。

2）for each 操作。

【例 10-8】 请利用列表实现 for each 操作。

【操作步骤】

步骤 1：在流的尾部添加“for each”操作，如图 10-34 所示。

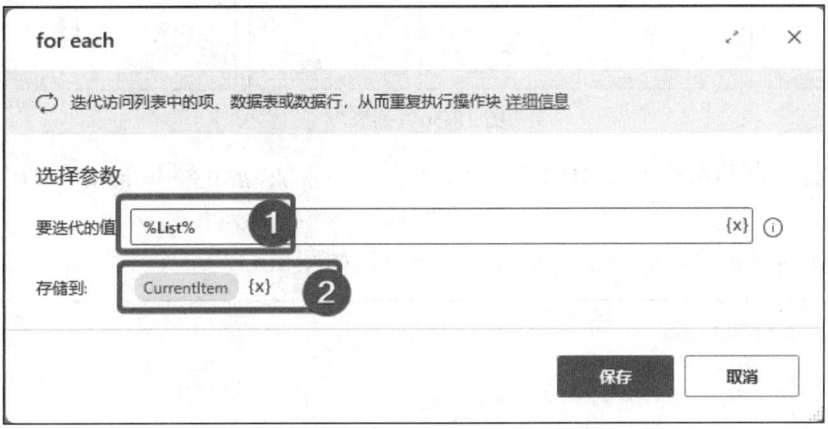

图 10-34　“for each”操作参数设置

① 在“要迭代的值”右侧的文本框中选择 List 列表。

② 每次迭代的值存储到 CurrentItem 变量中，该变量是“for each”操作生成的变量。

步骤 2：在“for each”操作下方添加“显示消息”操作，完成的流如图 10-35 所示。

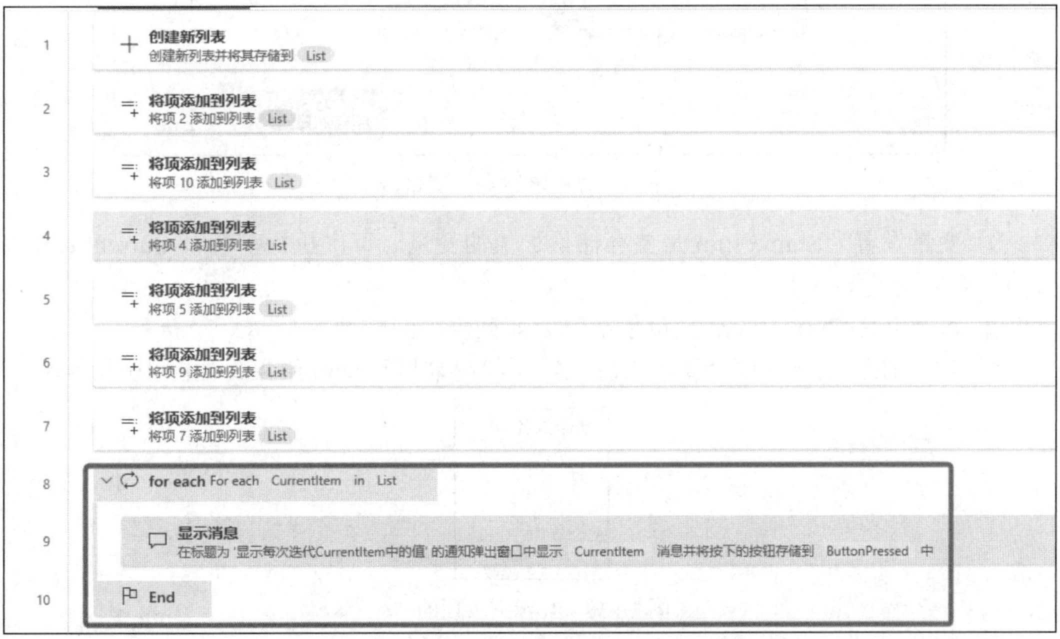

图 10-35　for each 流

步骤 3：设置“要显示的消息”为 CurrentItem 变量，测试每次循环 CurrentItem 中的值。运行流，每次都显示一个消息框，如图 10-36 所示。

说明：“for each”操作每次运行都依次从 List 列表中取出一个值，放进变量 CurrentItem 中，然后继续运行，直到将 List 中的值都遍历一遍，“for each”循环退出。

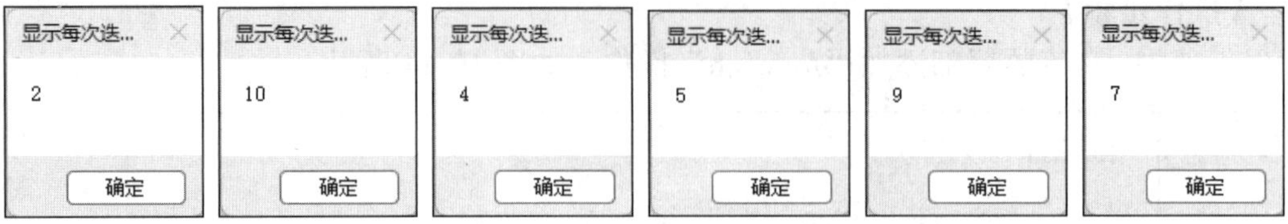

图 10-36 列表项

步骤 4：下面将列表 List 中的值[2, 10, 4, 5, 9, 7]累加，放进变量 sum 中。在“for each”操作上方放置“设置变量”操作，变量名为 sum，值设置为 0。在“for each”操作后和“End”操作前放置“增加变量”操作，参数设置如图 10-37 所示。

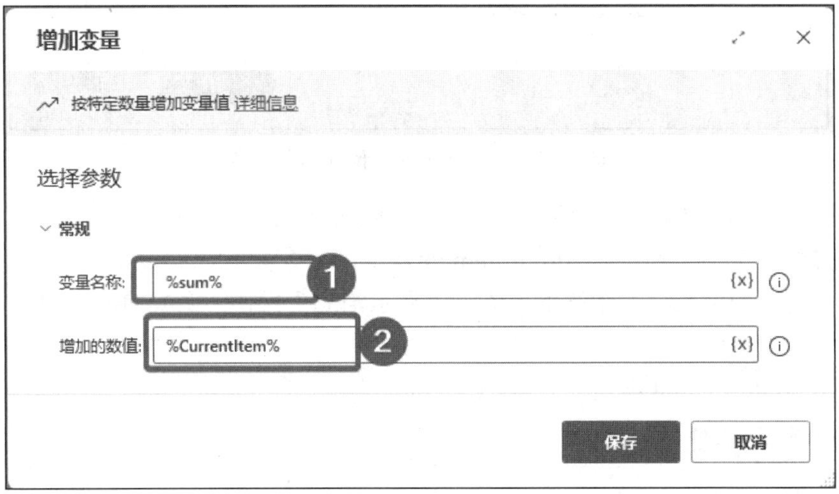

图 10-37 增加 sum 变量

① 变量设置为 sum，sum 是要存储累加值的变量。每次执行都会将 CurrentItem 变量的值加到变量 sum 上。

② 每次循环 CurrentItem 变量依次取 List 列表中的一项。

步骤 5：在流尾部添加“显示消息”操作，用来显示 sum 结果，如图 10-38 所示。

图 10-38 显示列表项的和

3）“循环”操作。

【例 10-9】 请将例 10-8 操作中的“for each”操作替换为“循环”操作。

【操作步骤】

步骤 1：将“for each”操作替换为“循环”操作，设置如图 10-39 所示。

① 循环从“开始位置”的值开始计数。如果从 0 开始计数，这个位置的值设置为 0。

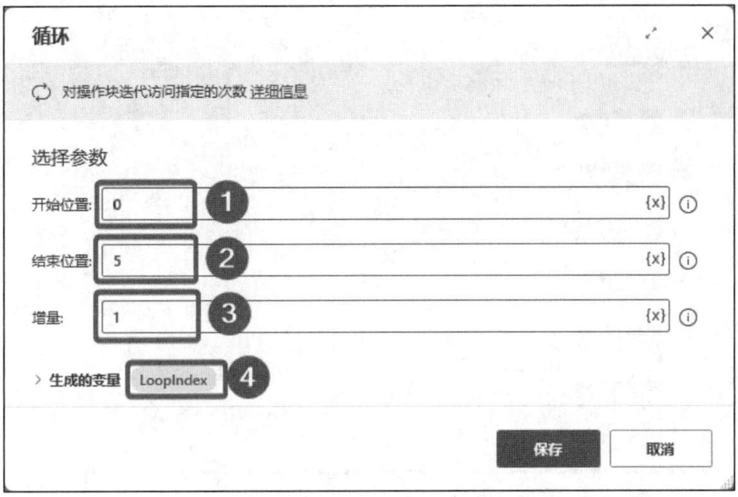

图 10-39　“循环”操作参数设置

②“结束位置”是循环结束的计数。值设置为 5，代表循环次数从 0 到 5，共 6 次。

③“增量”是从 0 到 5 的计数，每次增加多少。题中的增量设置为 1。

④ 每次循环计数的值存储在变量 LoopIndex 中。例如，第一次循环 LoopIndex 的值为 0，第二次循环的值为 1，最后一次循环的值为 5。

步骤 2：在“循环”和“End”操作之间，放置“增加变量”操作，其参数设置如图 10-40 所示。

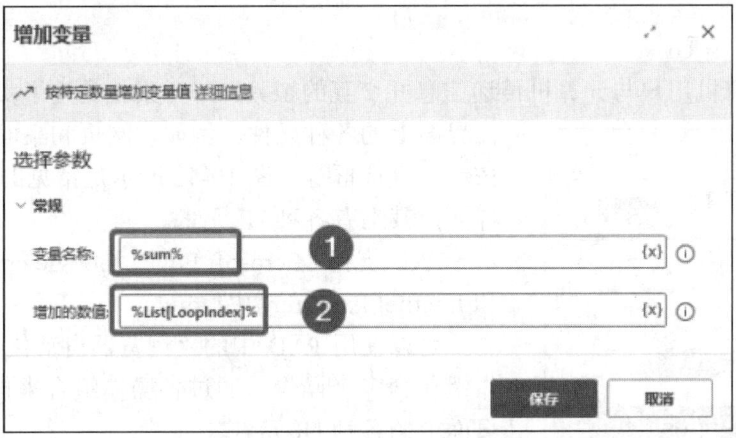

图 10-40　增加 sum 变量

① 需要增加的“变量名称”是变量 sum，用来存储 List 列表中所有值相加的和。

② 每次循环将 List 列表的一项加到 sum 上，List[0]表示 List 列表的第一项，List[1]表示列表的第二项，依次类推，List[5]表示列表的第六项。LoopIndex 从值 0 取到 5，用 List[LoopIndex]就能取遍列表中的值。

步骤 3：设计流。按照图 10-41 所示进行相关设计。

步骤 4：运行流。消息框显示的 sum 值为 37。

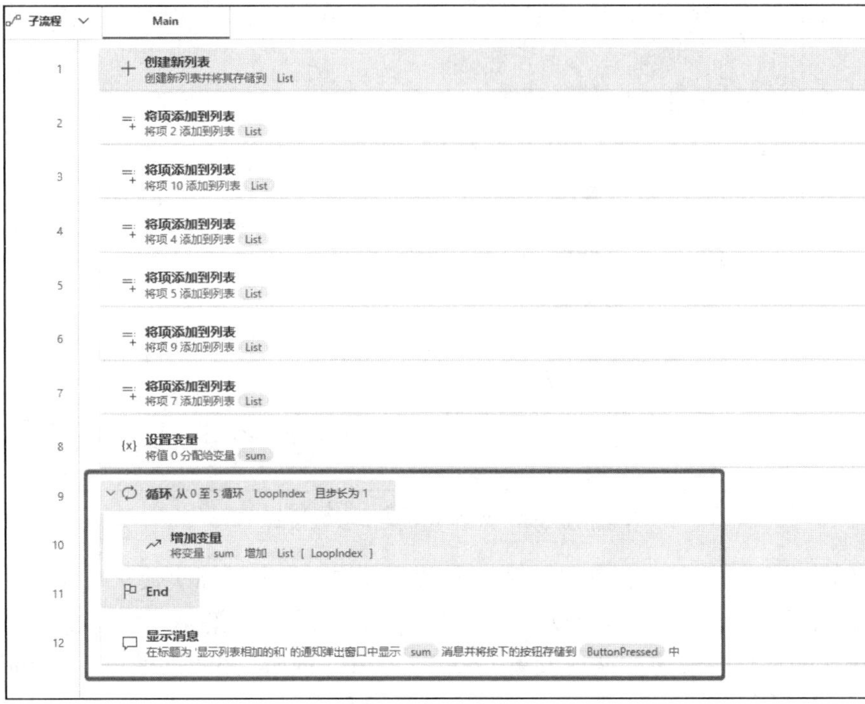

图 10-41　将列表值累加到 sum 变量

4. RPA 在 Web 自动化中的简单应用——自动操作 UI 元素

（1）什么是 UI

UI 是计算机用户与计算机传递信息并交互的工具。UI 元素就是为了实现 UI 而配置在界面上的各种元件。例如，网页和桌面上的文本框、按钮、复选框等。图 10-42 所示是常见的“账号登录”界面，其上有各种 UI 元素。

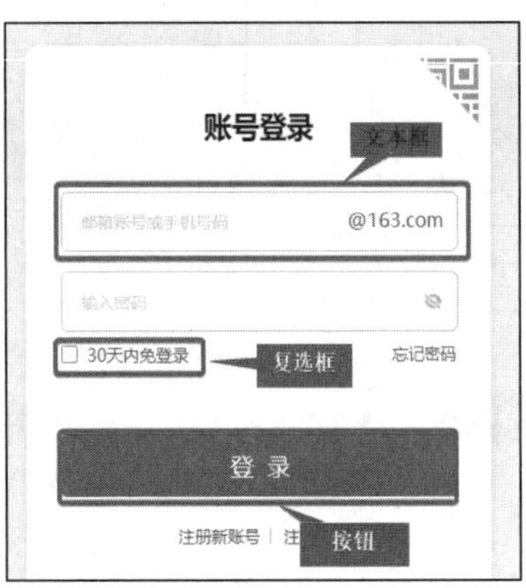

图 10-42　“账号登录”界面

PAD 支持 Microsoft Edge、Google chrome、Firefox 和 Internet Explorer 浏览器。

可以使用 PAD 中的“浏览器自动化”操作组，操作组包含多个操作，通过各操作组合来自动操作 Web 页面上的各种 UI 元素。

（2）UI 与 Web 自动化

通过两个示例来学习如何利用“浏览器自动化”操作组中的操作命令来实现 Web 自动化。

【例 10-10】 示例 1：让 PAD 自动登录 163（网易）邮箱。

使用 Windows 操作系统自带的 Microsoft Edge 完成示例。首先，使用“浏览器自动化”操作组中的“启动新 Microsoft Edge”操作命令打开浏览器，并打开 163 邮箱登录网页。

【操作步骤】

步骤 1：将“启动新 Microsoft Edge”操作放置在新建的 WebUI 流中，并设置参数如图 10-43 所示。

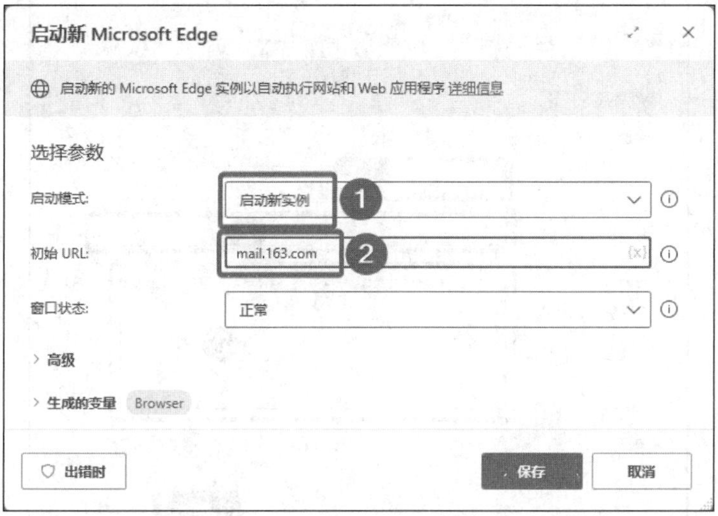

图 10-43　“启动新 Microsoft Edge”对话框

① 在“启动模式”下拉列表中选择“启动新实例”命令，打开新的浏览器。如果想将打开的网页附加到已经打开的浏览器上，作为一个新的标签页，则选择“附加到正在运行的实例”命令。

② 在“初始 URL”文本框中输入要打开的网页的网址，本例题输入“mail.163.com”。

步骤 2：运行流，打开图 10-44 所示的 163 邮箱的登录界面。

要求让 PAD 填写用户账号和密码，选中“30 天内免登录”复选框，单击“登录”按钮，登录邮箱。

图 10-44　163 邮箱的登录界面

步骤 3：用“浏览器自动化”组“Web 窗体填充”中的“填充网页上的文本字段”

来填写账号和密码。将“填充网页上的文本字段”放置在“启动新 Microsoft Edge”操作下方，参数设置如图 10-45 所示。

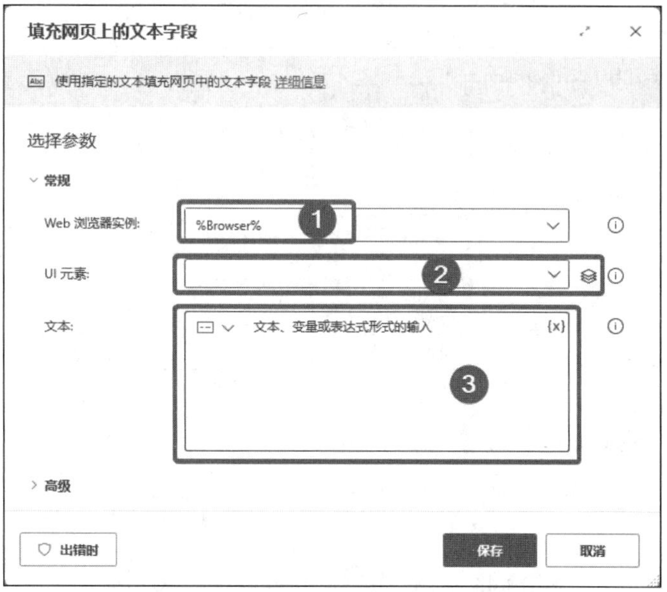

图 10-45　填充文本字段

① 在“Web 浏览器实例”下拉列表中选择“启动新 Microsoft Edge”操作中生成的变量 Browser。

② 在“UI 元素”下拉列表中选择“添加 UI 元素”命令，打开“UI 元素选取器”窗口，如图 10-46 所示，在此可选取 UI 元素。

图 10-46　UI 元素选取器

步骤 4：将 Microsoft Edge 浏览器作为活动窗口，将鼠标指向邮箱账号或手机号码文本框，文本框被一个红色框框住，说明 PAD 识别出了这个 UI 元素，如图 10-47 所示。

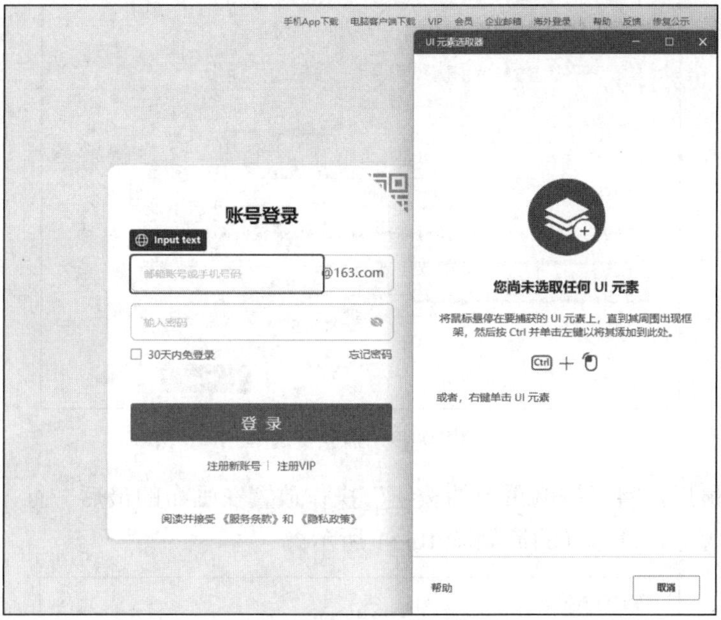

图 10-47　捕获“邮箱账号或手机号码”文本框

步骤 5：按住 Ctrl 键，单击要选择的 UI 元素，UI 元素被选中，并填入“UI 元素”列表框，单击“保存”按钮，完成设置，如图 10-48 所示。在“文本”文本框中输入用户名字。同样，选取密码文本框，在“文本”文本框输入密码。

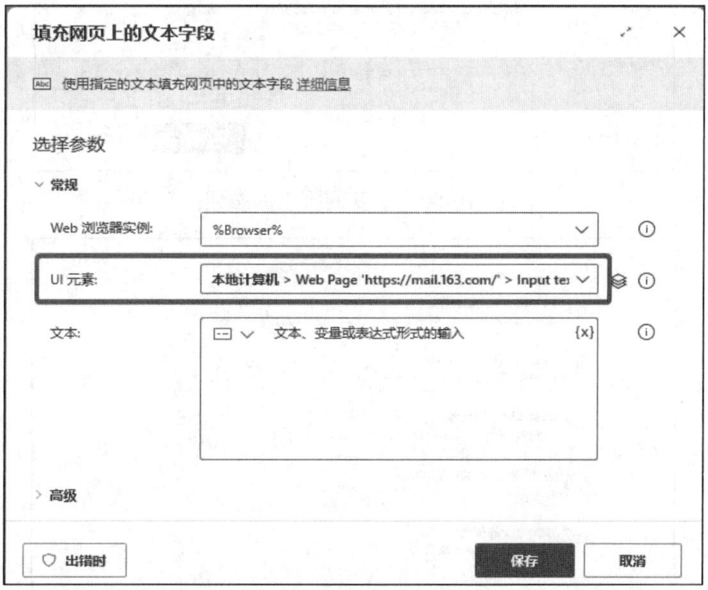

图 10-48　捕获密码文本框

步骤 6：将“设置网页上的复选框状态”操作放置到画布下方，选取页面上的复选框元素，如图 10-49 所示。在“复选框状态”下拉列表中选择“已选中”命令。账号、密码填写完成，复选框也选中后，单击“登录”按钮登录邮箱。

图 10-49　捕获复选框

步骤 7：最后，将“按网页上的按钮”操作放置在画布的最后一行，选取 UI 元素后如图 10-50 所示。设计好的流如图 10-51 所示。

图 10-50　捕获网页上的按钮

图 10-51　填充网页流

步骤 8：运行流，就能自动登录 163 邮箱了。

【例 10-11】 示例 2：爬取 packtpub 网站的图书数据。新建一个爬取数据的流 WebDataExtract，实现从网页中提取数据。本实例要求从 www.packtpub.com 网站爬取关于 machine learning 的书籍信息，如图 10-52 所示。

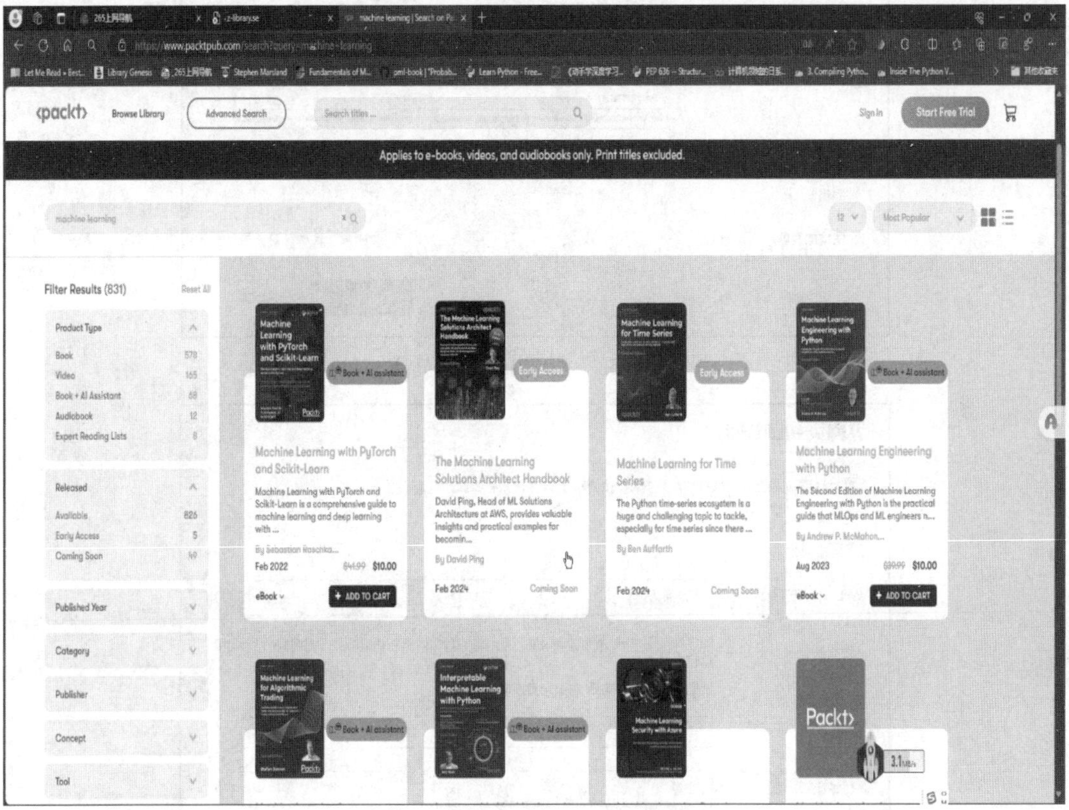

图 10-52　获取数据的网页

【操作步骤】

步骤 1：选择“启动新 Microsoft Edge”操作，在打开的对话框“初始 URL”右侧的文本框中输入“https://www.packtpub.com/search?query=machine+learning”，设置参数如图 10-53 所示。

步骤 2：在“启动新 Microsoft Edge”操作下方选择“从网页中提取数据”操作，打开“从网页中提取数据”对话框，设置参数如图 10-54 所示。

步骤 3：让要提取数据的网页成为活动窗口，打开实时 Web 帮助程序窗口，如图 10-55 所示。

步骤 4：将鼠标指针指向书名，书名被红色矩形框框住，右击，在弹出的快捷菜单中选择“提取元素值”中的“文本（'Machine Learning...'）”命令，如图 10-56 所示。此时，书名被放在实时 Web 帮助程序中，如图 10-57 所示。

步骤 5：依次提取时间和价格，数据显示在实时 Web 帮助程序窗口中，如图 10-58 所示，第一本书数据提取完成。

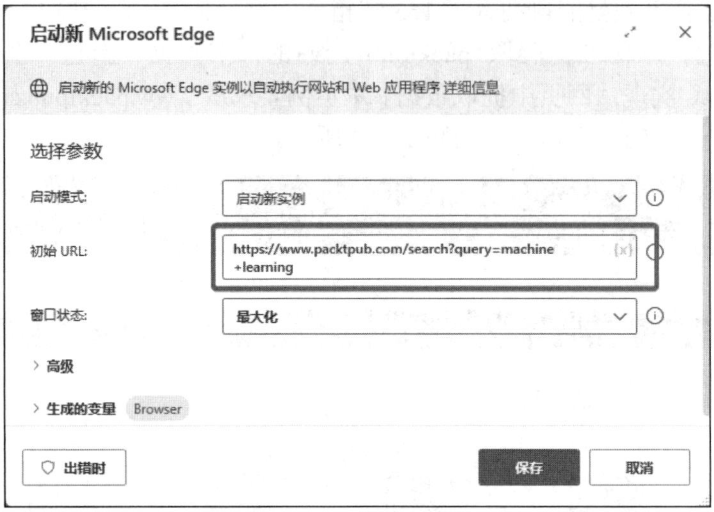

图 10-53　启动 Edge 浏览器

图 10-54　提取网页数据

图 10-55　实时 Wed 帮助程序

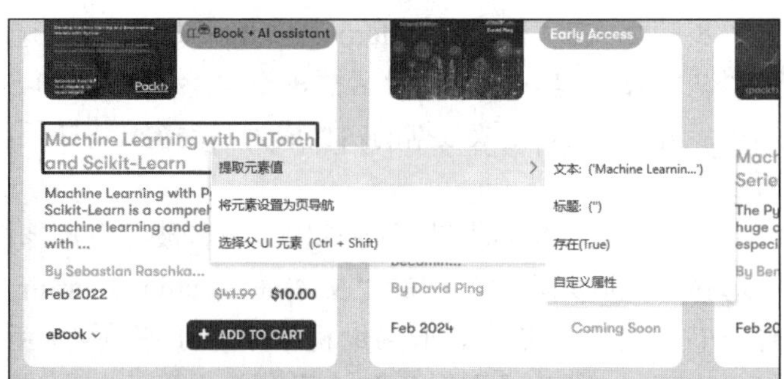

图 10-56　提取书名

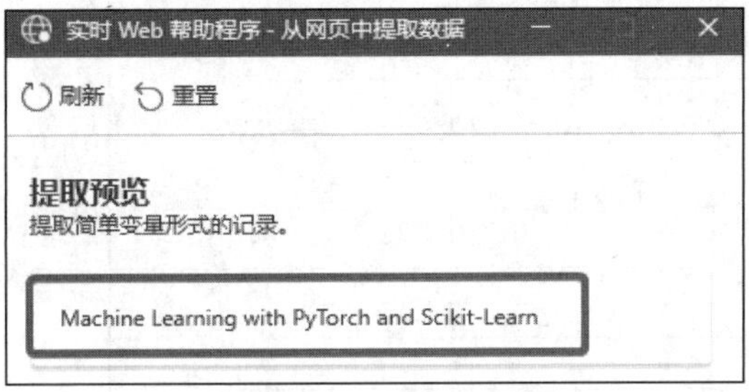

图 10-57　提取到的书名

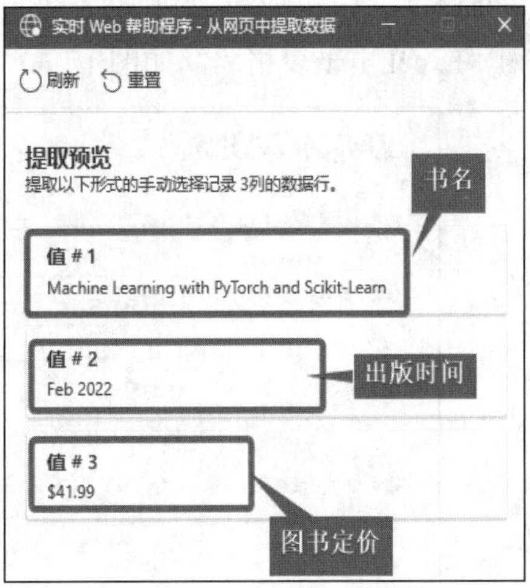

图 10-58　提取到的书名、出版时间和价格

步骤 6：按照同一方式提取其他书的书名信息，最后 PAD 将整个 Web 页的数据都自动提取出来，放置在实时 Web 帮助程序窗口中，如图 10-59 所示。

图 10-59　提取到的整页数据

步骤 7：单击“完成”按钮，设置完成的“从网页中提取数据”操作的存储数据模式为“Excel 电子表格“，如图 10-60 所示。

图 10-60　提取的数据放置在 Excel 电子表格中

步骤 8：运行流，提取到的数据被输入 Excel 表格中，如图 10-61 所示。

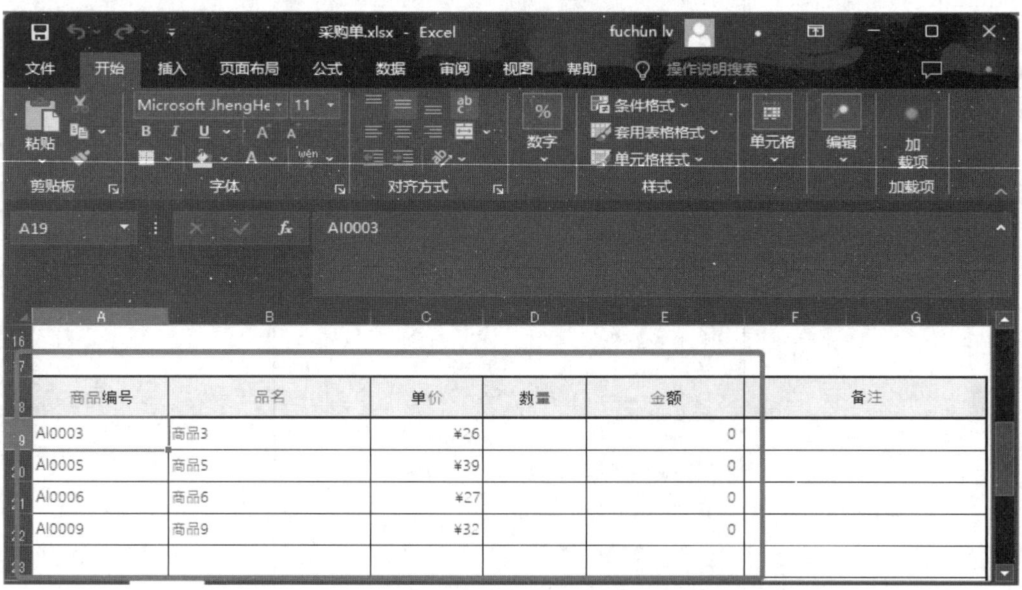

图 10-61　提取到的网页数据

5. RPA 在 Excel 自动化处理中的简单应用

【例 10-12】 某公司的库存清单 Excel 电子表格，如图 10-62 所示，共有 9 种商品，包括单价、数量、金额和应采购数量等字段，如果某种商品的库存数量小于出库数量，该商品需要采购，则自动将该商品填入图 10-63 所示的采购清单中。要求自动将商品编号、品名和单价填入采购清单，数量由采购人员填写。

商品编号	品名	单价	数量	金额	应采购数量
AI0001	商品1	$25.00	100	$2,500.00	50
AI0002	商品2	$30.00	123	$3,690.00	50
AI0003	商品3	$26.00	90	$2,340.00	100
AI0004	商品4	$42.00	234	$9,828.00	100
AI0005	商品5	$39.00	89	$3,471.00	100
AI0006	商品6	$27.00	45	$1,215.00	50
AI0007	商品7	$18.00	98	$1,764.00	50
AI0008	商品8	$21.00	74	$1,554.00	50
AI0009	商品9	$32.00	49	$1,568.00	50

库存清单

图 10-62　库存清单

承办人:

交货日期

交货地点

商品编号	品名	单价	数量	金额	备注
			合计金额	0	

图 10-63　采购清单

【操作步骤】

步骤 1：启动 PAD，在“Excel”操作组（图 10-64）中选择“启动 Excel”操作，打开“启动 Excel”对话框，设置参数如图 10-65 所示。在“启动 Excel”下拉列表中选择“并打开以下文档”命令，在“文档路径”右侧的文本框中输入 Excel 文档的路径，目的是获取要处理的工作表。

图 10-64 “Excel”操作组

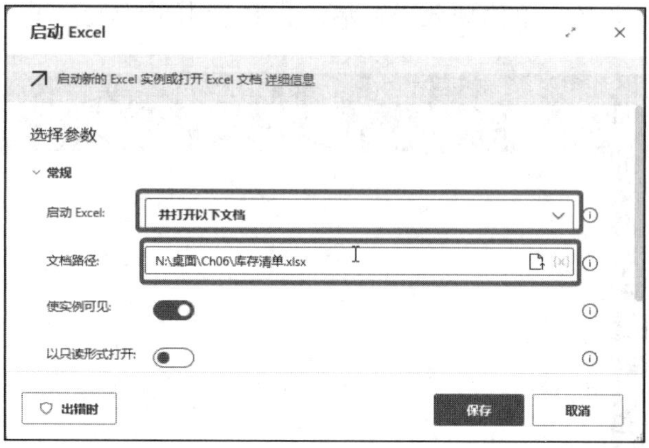

图 10-65 “启动 Excel”对话框

步骤 2：在“Excel”操作组中，选择“设置活动 Excel 工作表”动作，如图 10-66 所示。在“工作表名称”文本框中输入要读取的工作表名称“库存清单”，获得活动的工作表。

说明：图 10-66 中的工作表名称“库存清单”，是图 10-62 所示的 Excel 文件——库存清单.xlsx 中的工作表名称。

图 10-66 设置活动 Excel 工作表

步骤 3：在“Excel”操作组中，选择“获取 Excel 工作表中的第一个空闲列/行”，空闲列和行前面的区域即为数据区域，如图 10-67 所示。

步骤 4：在“Excel”操作组中，选择“从 Excel 工作表中读取”操作，实现从工作表中读取数据，读取的数据放置到变量 ExcelData 中，“从 Excel 工作表中读取”操作参数设置如图 10-68 所示。

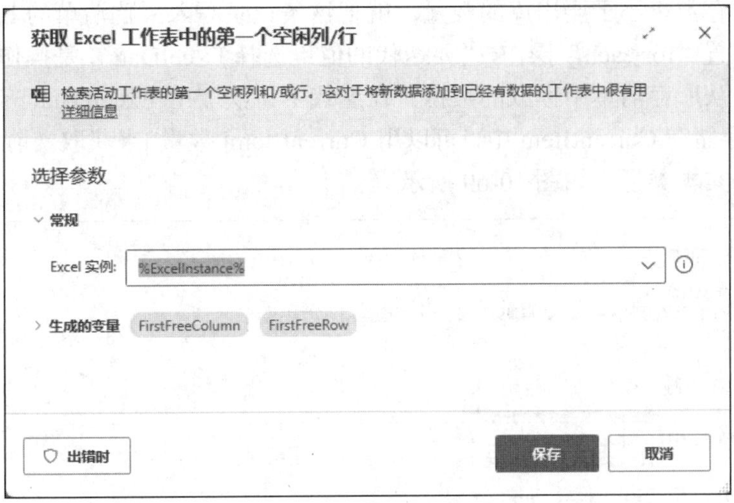

图 10-67　获取空闲列和行

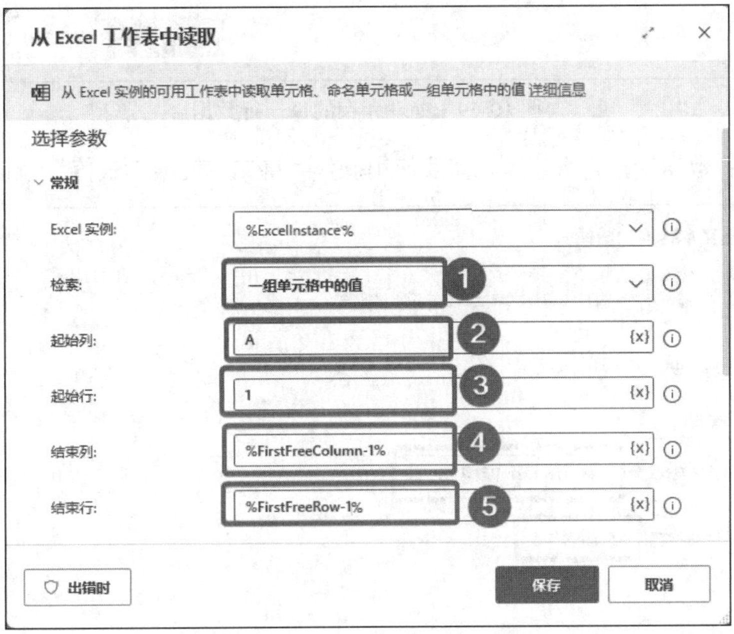

图 10-68　读取 Excel 工作表中的数据

① 在“检索”下拉列表中选择“一组单元格的值”命令。
②“起始列”右侧文本框中输入“A”。
③“起始行”右侧文本框中输入“1”。
④“结束列”右侧文本框中输入“%FirstFreeColumn-1%”。
⑤“结束行”右侧文本框中输入“%FirstFreeRow-1%”。

其中，FirstFreeRow 和 FristFreeColumn 是“获取 Excel 工作表中的第一个空闲列/行”操作生成的变量。

步骤 5：使用循环来一行一行地处理库存清单中的数据，判断库存数量和要出库的数量，如果库存数量小于要出库的数量，就把这条记录写入采购清单的 Excel 表格中。

在流中放置“for each”操作，“要迭代的值”选择 ExcelData，是操作“从 Excel 工作表中读取”从库存清单中读取的数据。在迭代中每次取出 ExcelData 一行值（即库存清单一行），存储在 CurrentItem 中，可以用 CurrentItem['数量']来获取当前行中数量列的值，这个值是文本类型，如图 10-69 所示。

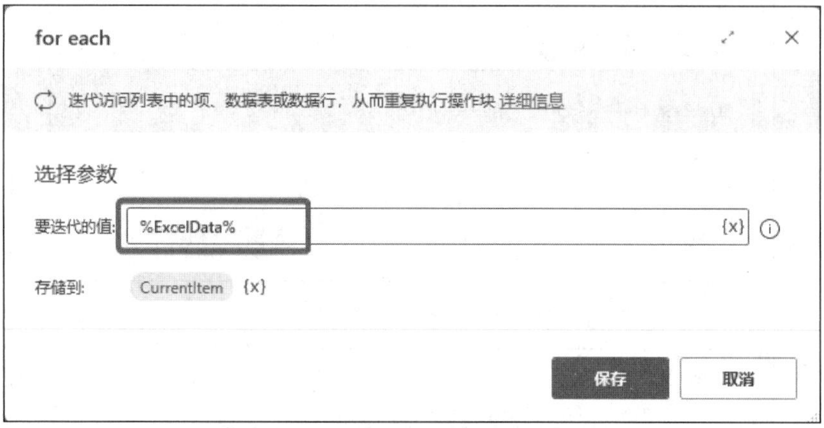

图 10-69　处理库存的每一行数据

步骤 6：将数据转换为数字型，需要使用操作“将文本转换为数值”，如图 10-70 所示。

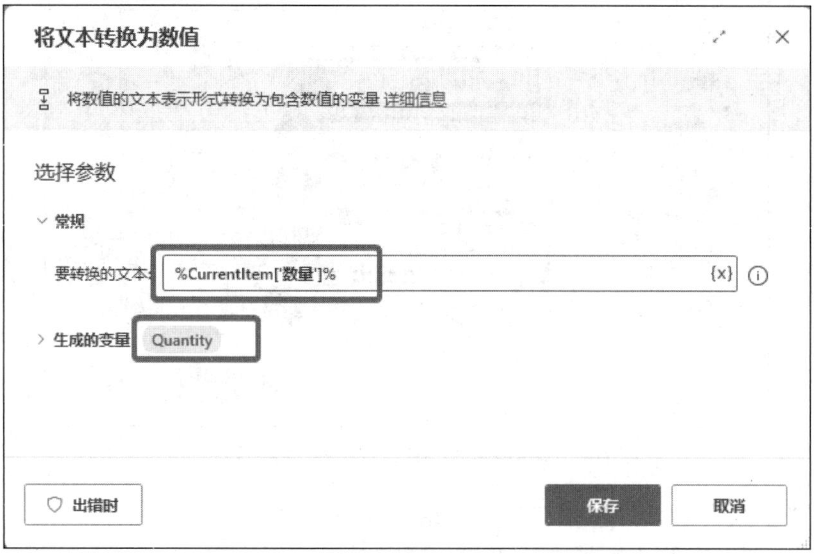

图 10-70　将数值由文本转换为数字

“要转换的文本”右侧的文本框中输入“CurrentItem['数量']”，转换后的值存储在变量 Quantity 中，同样转换 CurrentItem['出库量']，转换后的值存储在变量 Quantity2 中。

比较 Quantity 和 Quantity2 的值，如果 Quantity 的值小于 Quantity2 的值，则将“商品编号”“品名”“单价”复制到订购清单中。

步骤 7：将“If”操作放置在画布中，设置参数如图 10-71 所示。

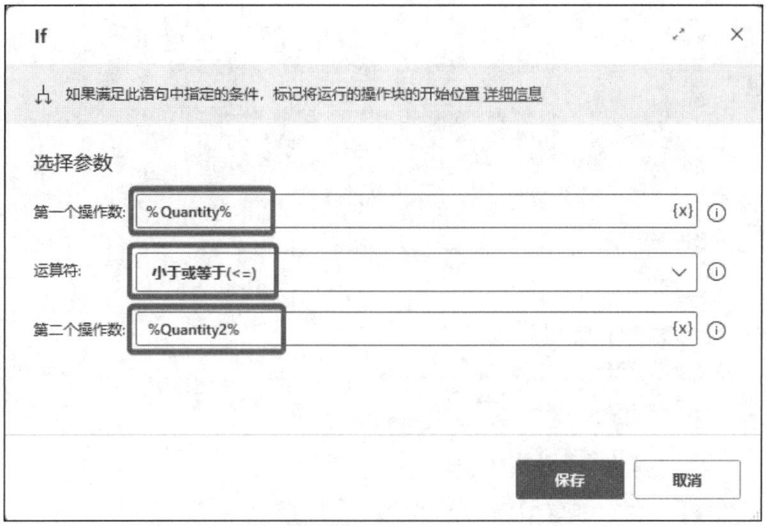

图 10-71 设置 If 条件

步骤 8：将满足条件的值，用操作“写入 Excel 工作表”写入采购清单，在写入采购清单前要打开采购单 Excel 文件。“写入 Excel 工作表”操作参数设置如图 10-72 所示。

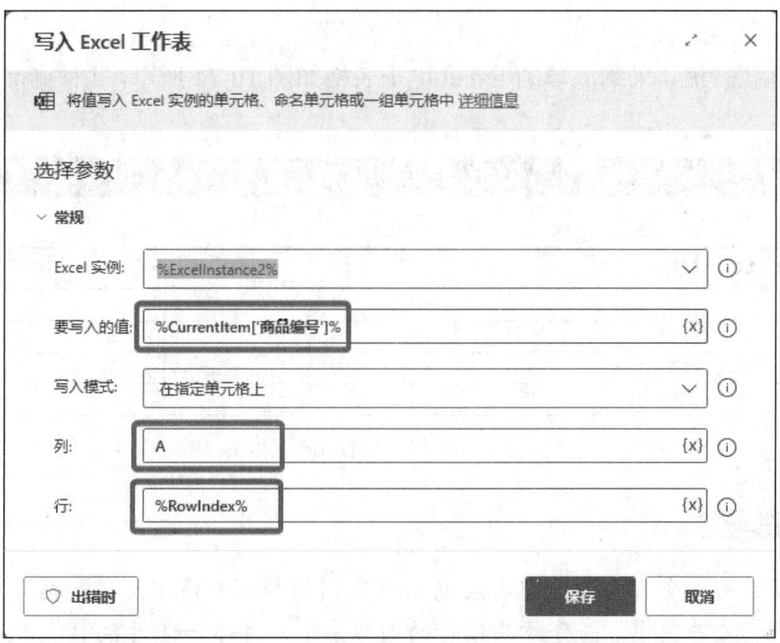

图 10-72 将满足条件的项写入采购清单

依次将“商品编号”“品名”“单价”写入采购清单文件中。在“for each”操作前放置“设置变量”操作，将设置的变量 RowIndex 值设置为 19，每次循环结束都会调用“增加变量”操作，将 RowIndex 值加 1，以指向下一个空行。

设计完成的流如图 10-73 所示。

图 10-73　采购流

步骤 9：执行流，采购清单的 Excel 电子表格如图 10-74 所示，4 种商品被填入采购清单。

	A	B	C	D	E	F
16						
17						
18	商品编号	品名	单价	数量	金额	备注
19	AI0003	商品3	¥26		0	
20	AI0005	商品5	¥39		0	
21	AI0006	商品6	¥27		0	
22	AI0009	商品9	¥32		0	

图 10-74　运行结果

拓展实验

假设某公司财务人员每个月都要将所有部门的付款申请单（统一格式的 Excel 文件）放到同一文件夹中，并登录某银行的网银系统，将每一张付款申请单上的关键信息（包括收款方所在银行、收款账号、收款户名，汇款金额及摘要）输入网银系统。请查询资料，开发一款简单的网银付款机器人。

具体步骤与实验要求如下。

1）梳理网银付款机器人开发的需求及业务流程。

2）开发 RPA 网银付款机器人，能够自动生成授权支付凭证、提交审批并付款。

参考文献

金军委，张自豪，2022．人工智能导论 [M]．北京：北京大学出版社．

金一宁，等，2022．Python 简明教程[M]．北京：科学出版社．

雷元，2023．低代码打造 RPA：Power Automate Desktop 基础实战[M]．北京：人民邮电出版社．

李春林，张唯，王晓征，2023．RPA 技术详解：基础、应用与未来[M]．北京：清华大学出版社．

李开复，2017．人工智能[M]．北京：文化发展出版社．

嵩天，礼欣，黄天羽，2020．Python 语言程序设计基础[M]．2 版．北京：高等教育出版社．

王万良，2022．人工智能通识教程[M]．2 版．北京：清华大学出版社．

王志强，2023．计算思维与人工智能导论[M]．北京：高等教育出版社．

徐洁磐，2024．人工智能导论[M]．3 版．北京：中国铁道出版社．

许春艳，杨柏婷，2022．人工智能导论（通识版）[M]．北京：电子工业出版社．

杨俊，张启涛，吕鸿略，2024．大学计算机基础教程[M]．3 版．北京：科学出版社．

赵宏，2024．人工智能与创新[M]．北京：高等教育出版社．

(TP-11161.0101)

人工智能实验

（通识课版）

中科助学通

刮开涂层

微信扫码学习

1. 刮开扫码进入“中科助学通”
2. 注册登录
3. 激活获取本书线上课程资源
4. 关注“中科助学通”微信公众号，方便下次学习
5. 一经刮开，概不退换

科学出版社 技术分社

http://www.abook.cn

www.sciencep.com

ISBN 978-7-03-082789-0

定 价：45.00 元